寶石鑑賞全書

專業鑑定師教你認識寶石種類、特性、鑑賞方法與選購指南

專業珠寶鑑定師

朱倖誼———著

Jewelry Connoisseurship

暢銷二十年‧最新修訂版

認識寶石、分辨寶石、鑑賞寶石

從基礎知識開始，
進入寶石的奇幻世界

　　從尚未有文字記載的古老傳說時代開始，人類歷史上就已經有寶石的蹤跡出現，寶石的歷史就像是人類文明發展的縮影，許多知名寶石的背後亦不乏令人津津樂道的名人軼事，璀璨的寶石讓人類歷史增添不少光彩，更有不少見證愛情的珠寶為人們留下難忘的紀錄，也因此寶石在人們心目中的形象一直是美好的、浪漫的、珍貴而稀有的。

　　美麗的寶石總是出產在窮鄉僻壤、動亂頻仍的國家地區，數以萬噸計的礦石當中才能採出少少的幾顆寶石，再再顯示寶石的難得可貴，它歷經時間與環境的淬鍊，在地底醞釀形成，經過嚴格的篩選切磨，才能在人們的眼前綻放耀眼光芒，寶石與人類的相遇都是一份難得可貴的機緣。

　　在科技發達的今日，高階鑑定設備的數據分析、硬梆梆的寶石等級劃分與價值評估標準的認定，逐漸成為寶石學評估的趨勢，更是商業價值評估的重點，雖然加入許多科技分析，但寶石的美並不是數據可以計算，而是需要用心去感受，深入了解寶石，就能體驗到寶石的美是多麼難能可貴。

　　本書從第一版撰寫至今二十年來，寶石產業歷經許多變化，寶石傳統產地面臨礦藏接近枯竭、新興寶石與新興產地的崛起、人造鑽石技術突破進入寶石市場、市場對各種寶石處理的看法，種種變化都對寶石業產生不同程度的影響，而寶石教育的普及，讓人可以透過更多管道獲得相關知識，然而許多資訊的背後隱藏的卻是業者的行銷手法，不同管道提供的資訊良莠不齊，反而令人不知如何取捨，建議大家回歸源頭，從寶石的基本知識開始，讓本書與所有讀者們一起進入寶石的奇幻世界。

朱倍㡣

CONTENTS

認 識 寶 石

Knows

Jewelry

每顆寶石的背後都蘊藏著一個故事，

學習寶石的知識就如同學習品酒一般，必須從各種寶石的特性開始，

寶石歷經時間與環境的淬鍊，才能在今日展現出最耀眼的光芒，

當你瞭解寶石越多，就越明白一顆寶石的形成是多麼難能可貴了。

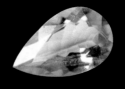

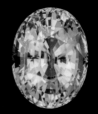
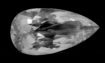
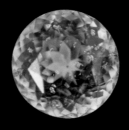

什麼是寶石

現今 的寶石學發軔於西元十八世紀，在此之前遠古時代的人類早已知用獸骨、貝殼、羽毛、美麗的石頭等物品來裝飾自己，隨著歷史的演進逐漸發展出不同的珠寶文化。究竟什麼才能稱為寶石呢？簡單來說，舉凡可用來佩戴、鑲嵌於珠寶飾品上或擺置供觀賞用的各類材質皆可稱為寶石。但就寶石的定義而言，成為寶石必須符合以下三個條件：

1. 美觀

不管是作為裝飾或觀賞用，賞心悅目是寶石的首要條件。

2. 稀有性

寶石的珍貴就在於它的稀有性，因為稀少所以價值不菲，也才能彰顯寶石不同凡響的身價，這也是俯拾皆是的石頭何以不能成為寶石的原因。

3. 歷久彌新

這條件與寶石本身的穩定度（Stability）與耐用性（Durability）息息相關。穩定度表示寶石本身的化學成分必須非常穩定，不易因時間而產生變化，自然界許多礦物結晶因為化學成分的不穩定，曇花一現的美麗無法承受時間的考驗而未能成為寶石；耐用性表示寶石必須能夠承受磨損與不易破裂兩大特性，這與寶石的硬度（Hardness）與韌度（Toughness）有關，因為寶石最主要的功能在於佩戴，容易因摩擦或碰撞而損壞的材質也不能成為寶石，自然界中數千種礦物，真正被用來作為佩戴裝飾用途的寶石只有數十種而已。

美國

墨西哥

哥倫比亞

巴西

寶石的產地

所有 寶石形成的地質條件不同，因此產地分布區域主要取決於寶石形成的岩體屬性。如鑽石形成於慶伯利岩層（Kimberlite），卻非所有慶伯利岩都出產鑽石，要看該地區是否有足夠條件供鑽石長成；而石英是地殼中主要的造岩礦物之一，理應世界各地都出產，但寶石級的水晶只集中於少數國家，就是因為所有的礦物岩石須符合寶石三大要件才能稱為寶石。

寶石是由於地質變化形成，通常需歷經千萬年以上，許多早期開採的著名礦區目前已挖掘殆盡；或有些產地的國家政局動盪，無法持續供應珠寶市場需求；更有一些寶石產於環境險惡之處，以致開採成本過高而不具開採價值，因此供應國際寶石市場的出產國仍以產量較豐的國家為主。

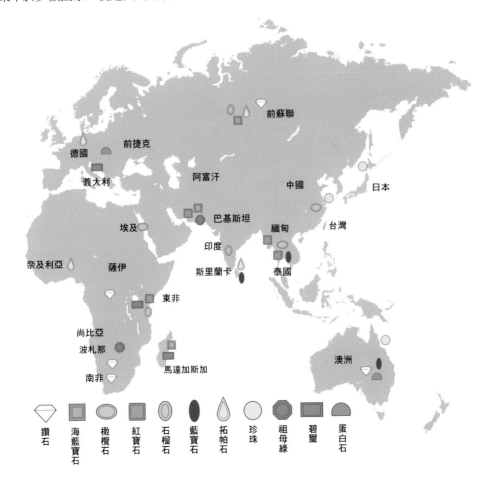

寶石的形成

多數 的寶石是在地殼的岩層中自然形成的礦物與岩石，不同地質條件形成不同種類的礦物；而岩石是由多種礦物組合而成的聚合體，可分成火成岩（Igneous）、沉積岩（Sedimentary）與變質岩（Metamorphic）。火成岩是地球內部岩漿流入地底岩層凝固而成的，凝固時冷卻速度越慢，形成的礦物結晶就越大，寶石的晶體也就越大，蘊藏鑽石的慶伯利岩就是一種火成岩體；沉積岩是岩石經風化侵蝕作用後，受到外來營力搬運沉積下來後，再經岩化作用所形成的岩體，一般呈層狀構造，寶石通常夾在層與層的縫隙中，蛋白石是經常產於沉積岩層當中的寶石；變質岩是火成岩或沉積岩因地殼內溫度或壓力變化，產生化學作用生成新礦物所構成。變質作用分為接觸變質（Contact Metamorphic）與區域變質（Regional Metamorphic）兩種，這兩種變質作用形成的寶石礦物有很大差異。風格多變的翡翠就是變質岩寶石的最佳例證。

粉紅色淡水珠戒指。金匠珠寶提供（上）；各色南洋珠。Alain NYSSEN 攝影．Perles de Tahiti提供（下）。

寶石的種類

大部分透明的寶石都屬於礦物類，而透光至不透明的寶石則多半為岩石類較多。有機寶石則是由動物骨骸、分泌物或植物化石等所形成的寶石。

1. 礦物

礦物類寶石形成於地殼中，具有固定化學組成及結晶型態，多具有固定的晶體外型。如化學成分為碳的鑽石為八面體結晶，化學成分為二氧化矽的水晶為典型六方晶系結晶，兩者都是結晶外型明顯的礦物。

2. 岩石

岩石是許多礦物聚合在一起的結合體，通常體積較大，翡翠就是一種岩石類的寶石，雖然主要化學成分為鈉鋁矽酸鹽，但常伴隨其他礦物且無固定結晶晶型；另外像青金石也是典型的岩石類寶石，除青金石外，通常夾雜黃鐵礦與方解石等其他礦物。

3. 有機寶石

不屬於前列的礦物岩石類的寶石，通常是有機物的骨骸、分泌物或化石。來自動物的有珊瑚、珍珠等；來自植物的有琥珀與蜜蠟，其他像玳瑁（Turtle Shell）、煤玉（Jet）等也都是有機寶石。

寶石的內在世界

即使是同一個家庭的小孩,也不會長得一模一樣,同樣的,兩顆大小相同、顏色與切割一致的紅寶石也不可能完全相同,鑑定師還是能經由寶石的內在世界找出差異,這就是內含物(Inclusion)在寶石鑑定上所扮演的重要角色。

內含物的型態

內含物,也有人稱之為包裹體,是寶石在形成的過程中,因外來物質入侵或礦物結晶時,包覆於寶石內的物體。內含物除了與寶石本身的特性有關之外,更是寶石結晶過程所留下的痕跡,因此內含物是寶石鑑定上相當重要的依據。寶石研究學者更因此能依據內含物的種種特性,推估出寶石形成時期的地質狀態與寶石產地來源等有關寶石的詳細資料,提供寶石鑑定更準確的資訊。

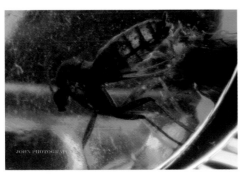
琥珀內含特徵。門泰寶石鑑定中心提供

內含物分成固態、液態、氣態三種內含物,同時含有兩種狀態的內含物稱為二相物(Two-Phase-Inclusion),而同時具有三種狀態的內含物稱為三相物(Three-Phase-Inclusion),祖母綠是最典型的代表。

內含晶體。苑執中提供

固態內含物

是最常在寶石中見到的內含物,多半是含有細小的礦物結晶,像鑽石就經常有細小鑽石的結晶包含於鑽石內,有些細小的結晶需要高倍數的顯微鏡才能看到,紅寶中的絲狀物(Silk),也屬於這種固態內含物。

液態內含物

被包裹在寶石內的物質為液體的內含物,水晶就常發現有液態內含物,最典型的例子是水膽瑪瑙。

氣態內含物

氣態的內含物,因為無色又不像液態內含物會反光,所以較不易察覺,不過氣態內含物在祖母綠、碧璽等寶石中很常見。

寶石的演進史

珠寶 演進有數個著名的時期，各有獨特的風格，主要受到當時藝術與文化的影響，各時期的珠寶彷彿是當時文化的縮影，在不同時代具有不同的意義。

遠古時期

從西元前三千年的史前時代開始，在人類還不會雕刻石頭與煉製金屬之前，是以貝殼、果核等來裝飾自己，隨著人類聚集，開始有社會型態出現，西元前三千年至西元前四百年在近東地區（Near East）與埃及，逐漸出現較複雜的首飾配件，顏色的象徵意義是古埃及文化的特色，黃色與金色象徵太陽，只有法老王與祭司可以使用，當時的珠寶多半用於宗教祭典或敬獻給神祇。

遠古時期的後期，許多寶石陸續被發現，有關寶石的傳說賦予寶石神祕的力量，寶石成為護身符與地位的象徵，希臘的琺瑯技術也在這個時期傳入古埃及，對後來歐洲珠寶藝術有很大貢獻。

拜占庭時期與歐洲早期

拜占庭帝國自西元330年開始持續到中世紀時期的1453年為止，其版圖自羅馬帝國東半部一直延伸到埃及與亞洲地區，整個地中海區域幾乎都是拜占庭帝國的範圍，首都拜占庭在當時是最主要的藝術與宗教中心，因此這個時期的珠寶不僅集結了西方宗教藝術的精華，更融合了東方的色彩，且影響力一直延伸至中世紀。當時寶石只有宮廷與宗教人士可以佩戴，所有美麗的寶石與珠寶技師都集中在首都；宮廷所用的珠寶極盡奢華，繁複的多色鑲嵌是這個時期的特色，琺瑯藝術也在此時逐漸成熟完美。

中世紀時期

自西元八世紀開始到十三世紀初期為中世紀時期的前期，這期間的珠寶文化主要受拜占庭時期影響，以拜占庭式的宮廷風格為主流，在當時財富歸教會所有，即使限制奢華的律法約束人們的開銷，華麗奢侈的珠寶依舊是貴族階級享有的特權。

從十三世紀到十五世紀前半期為中世紀時期的後期，此時期哥德式的建築風格吹向珠寶藝術，尖的造型取代圓潤的形式，線條的細緻度也大幅提昇，珍珠鑲嵌於首飾的尖端以柔化尖銳的線條，別針、腰帶、戒指與頭飾等是這個時期最典型的珠寶配件。

文藝復興時期

從十五世紀下半期開始，哥德式的設計風格式微，珠寶藝術轉向古希臘與古羅馬的古典風格，首飾的設計出現許多取材自古典建築的圖案。這種風潮最早出現於義大利，逐漸向北推展蔓延整個歐洲，墜飾是當時最風行的珠寶飾品。當時不管男女手上都戴戒指，且經常是戴滿雙手十指。此時期的珠寶特色在於精細的金屬工藝與錯綜複雜的設計款式。寶石來源增多讓珠寶的資源不虞匱乏，珠寶不只奢華，更是毫無節制的濫用，在許多這個時期所留下的畫像中可以發現貴族身上的衣服綴滿寶石，代表人物是英王亨利八世（Henry VIII），他經常穿著鑲滿寶石的衣服，這股對珠寶的熱愛也影響到他的女兒，也就是後來的英國女王依莉莎白一世，她所有的衣服上幾乎都鑲滿了寶石與她最鍾愛的珍珠。

La Stella珠寶提供

巴洛克時期

十七世紀初期法國在歐洲的勢力逐漸抬頭，法國王室的影響力改變了歐洲的宮廷生活與文化，原本布滿珠寶以鯨骨撐大的蓬裙改成了低胸、蓬蓬袖的飄垂式長袍，髮型也有大的變化，長度及肩的鬈髮軟化了肩膀的線條，這種仕女造型在畫家魯本斯（Rubens）的畫作中經常出現。當時越來越多由印度進口的鑽石與紅藍寶石讓珠寶首飾的價值大幅提高，法王路易十四（Louis XIV）擁有眾多的鑽石收藏，他許多外套上的鈕扣都以鑽石鑲嵌。這個時期的珠寶著重於對稱性，左右對稱的設計強

調中央的主體，植物與花朵造型是常見的設計主題；此外，蝴蝶結是巴洛克的重要特色之一，也是這個時期最流行的式樣，法國的勢力在十八世紀初期時已漸漸消退，但蝴蝶結款式的風潮則持續至十八世紀後期。

洛可可至法國大革命時期

洛可可風格起始於1730年代的巴黎，不對稱的花朵和羽毛狀的造型是重要的特色。洛可可的風格在早期多半出現於鼻菸盒與婦女腰帶上垂掛的鍊飾上，這些鍊飾用來吊掛佩戴者的錶或鑰匙，這種鍊飾是十八世紀婦女白天最不可或缺的珠寶飾品；另外一個重要的日間珠寶飾品是鞋扣，當時的紳士與淑女們以寶石鑲製的鞋扣取代原本的鞋帶。

十八世紀末的法國大革命改寫了珠寶的歷史，突然間男士不再佩戴許多珠寶，直到1804年拿破崙稱帝，他與妻子約瑟芬都熱愛珠寶，法國皇室珠寶輝煌再現。這個時期珠寶以皇冠、羽毛頭飾與梳子為重要的飾品。

從1790年代開始直到十九世紀期間，珠寶飾品流行以寶石開頭的字母拼成單字的「寶石語言」（language of stones），例如

以青金石Lapis、蛋白石Opal、橙色石榴石Vermeil、祖母綠Emerald組合起來就是愛LOVE的意思，其中最著名的例子是拿破崙送給第二任妻子的三條手鍊，寶石語言排列的方式是以拿破崙與妻子的生日、兩人相識的日子以及結婚的日期所拼成的。

維多利亞時代

西元1837年英國女王維多利亞開始她長達六十餘年的統治，她偏愛帶有感情的珠寶設計，佩戴珠寶反映她的心情，在其夫去世後佩戴以黑瑪瑙等黑色寶石鑲製成的珠寶以示悼念，造成「哀悼珠寶」（Mourning Jewelry）的盛行，這股風潮持續到十八世紀末葉。

新藝術時期

大約從西元1900年開始，珠寶的演進發展出三種流行趨勢，也就是新藝術時期的特色，首先是珠寶造型走向線條柔美、崇尚自然的取向；其次，強調自然風的新藝術時期大膽採用有色寶石與琺瑯製作珠寶，尤其是色彩豐富的半寶石（semi-precious stone）；第三，由於工業革命帶來的大量生產技術，廉價而低俗的飾品充斥，新藝術時期的珠寶技師與設計師們跳

脫機器生產的窠臼，以精緻的手工搭配有色寶石與琺瑯製作珠寶，成為新藝術時期最重要的特色。

這個時期的代表人物是著名設計師拉利克（Rene Lalique, 1845-1945），他大量運用有色寶石與琺瑯等材質，大自然的花鳥蟲魚等動植物經常出現於他的設計作品中，並強調細膩的金屬工藝，改變人們對珠寶的觀念，不一定要使用貴重的寶石而是強調設計的理念，珠寶不再像過去只注重寶石本身的價格，提昇了設計在珠寶文化上的地位。

裝飾藝術時期

強調線條特徵的裝飾藝術起始於西元1910年，在第一次與第二次大戰之間達到巔峰，幾何圖案的造型與強烈大膽的顏色搭配是這個時期的最大特色，貴重的刻面寶石配上顏色對比強烈的半寶石，營造出風格獨特的異國風情。

仿珠寶飾品（Costume Jewelry）在這段期間開始大行其道，帶領這股風潮的是法國服裝界知名人士——香奈兒女士（Coco Chanel），她以工藝精湛的玻璃設計飾品帶動流行飾品的市場，強調服裝與飾品的搭配，展現穿搭魅力。

當代珠寶

1960年代珠寶的演化有戲劇性的重大變革，強調個人風格的自我意識抬頭，珠寶設計不是為了商業目的，而是要表達主張與訴求，新的材質與前衛的款式成了當代珠寶設計的主流。現代人講求的是跳脫傳統的束縛，造就多元化的珠寶市場迎合各界人士不同的需求。寶石學知識的逐漸普及，講究專業的時代讓新一代的人進入專業學校學習各種技能，珠寶文化已經成為現代人生活的一部分了。

克拉多珠寶提供

13

寶石的神祕力量

寶石 美麗的外表下,更令人著迷的要算是寶石所具有的神祕力量了,雖然寶石最主要的功能在於裝飾,但從遠古時代人類文明開始發展的階段,就已經有文獻記載其神奇的醫療效果,人類相信寶石吸收日月精華具有強大的治療疾病功效。此外,人類對於神的敬仰,也讓寶石與宗教有著密不可分的關係,著名的佛教七寶與天珠都是因宗教而炙手可熱的寶石。而人類不可或缺的愛情世界裡,寶石也成為象徵愛情的信物。

關於寶石的神奇力量,我們就以宗教、醫療與愛情三方面來討論。也許沒有科學考證,但盼提供讀者以另種角度看待寶石。

關於宗教的寶石

● **佛教七寶**:金、銀、琉璃、硨渠、瑪瑙、珍珠、琥珀等七種貴重寶石與金屬,在佛教的諸多經書中被列為是最有靈力的七種寶物,金與銀是歷史最久也是使用最廣的貴重金屬;琉璃是珠或玉石的一種,有不同的顏色;硨渠是一種海洋貝類尾端切磨而成的圓珠;瑪瑙是玉髓類的一種寶石;琥珀是樹脂埋藏於地底數百萬年後所形成的化石;珊瑚是珊瑚蟲聚集硬化後所形成的,這七種寶物具有輔助修持的功能,在佛教經典中被視為吉祥之物。綜觀而言,佛教七寶的功能主要有下列幾項:一、定心安神,改善人體磁場與血液循環功能。二、消災解厄保平安。三、協助靈修,增長智慧。四、消除業障,帶來好運。五、聚財納福,事業蒸蒸日上。

● **天珠**:天珠的起源最早可追溯到西元前三千到一千五百年之間,出現於美索不達米亞地區與印度河流域,隨著宗教版圖的拓展,逐漸普及於印度、西藏、尼泊爾等喜馬拉亞山脈鄰近諸國,現今藏傳佛教盛行的中國、日本、台灣與東南亞地區都有天珠的蹤跡。以礦物本質而言,天珠是一種瑪瑙,屬於石英家族中的玉髓類寶石,它具有調和正負能量的效用,能將憎惡等負面情緒轉化成歡喜的正面思想,這些特性來自佛

琥珀與蜜蠟的念珠普遍受到歡迎。丹麥琥珀屋提供

教的意念，基本上天珠的圖騰意念來自陰陽五行的宇宙觀，大多是左右對稱重複排列的形式。

● **水晶**：靈修者最鍾愛的寶石，具有集中精神、開啟心智的強大功用，可使心靈平靜、提高專注力；水晶所具有的磁場能量更是為人所津津樂道的功用，修煉氣功的人就常利用水晶的能量增強自己的氣場，為了保持磁場的純淨，修煉者的水晶是不讓其他人碰觸的，因為每個人的氣場不同，所以其他人碰觸過的水晶磁場會變得紊亂，必須經過消磁才能讓水晶的磁場歸零。

十｜二｜個｜月｜份｜的｜生｜日｜石

一年十二個月份都各自有一個代表這個月份的生日石，佩戴自己出生當月份的生日石能帶來好運，生日石的起源是來自《聖經》，摩西的兄長亞倫（Aaron）是希伯來人第一位祭司長，他胸前佩掛的護胸甲上鑲嵌有十二顆寶石，這十二種寶石代表以色列的十二個部落。西元1912年美國學者將之訂定為十二個月份的生日石，並推展到世界各地。

月份	生日石
一月	石榴石
二月	紫水晶
三月	海藍寶石
四月	鑽石
五月	祖母綠
六月	珍珠、月光石
七月	紅寶石
八月	橄欖石
九月	藍寶石
十月	碧璽、蛋白石
十一月	拓帕石
十二月	風信子石、土耳其石

關於醫療的寶石

● **紅寶石**：中世紀的人將紅寶石磨成粉，和水混合後當成止血劑，患有熱症或發炎的人可用紅寶石摩擦額頭或發炎的部位，有治療的功效。

● **橄欖石**：對於牙齦血液循環不良有效。

● **海藍寶石**：將海藍寶石泡在水中用來洗眼睛能增強視力。

● **翡翠**：對治療眼疾很有效，在過去也被認為具有治療腎臟毛病的功效。

● **祖母綠**：直視祖母綠可以使視力更為敏銳，但蛇如果直視祖母綠眼睛會變瞎。

● **琥珀**：佩戴琥珀項鍊能治癒喉嚨不適。

● **拓帕石**：治療失眠，也是治療肝臟、腎臟與水腫的特效藥。

關於愛情的寶石

● **鑽石**：對付情敵最佳的武器，戴著鑽石睡覺，第二天情敵就會受到重挫。

● **藍寶石**：胸前掛藍寶石項鍊能促使戀愛中的情侶結婚，據說帶有藍寶石的女人如果不貞，藍寶石會變色，中世紀的男性以藍寶石來測試自己的配偶是否忠誠。

● **月光石**：月圓的時候佩戴月光石可以遇到好情人。

● **祖母綠**：帶來幸福的婚姻。

● **珍珠**：有助維繫婚姻長久的護身符。

寶石的鑲嵌金屬

寶石的鑲嵌以鉑金（Platinum）、黃金（Gold）與銀（Silver）三種貴重金屬為主，因為這三種貴重金屬最能符合珠寶鑲嵌條件，價格與特性各不相同，也是購買珠寶時必備的常識之一。

鉑金

鉑的化學符號為Pt，珠寶業以純白金稱之。鉑金色灰白，是非常穩定的貴重金屬，比重為21.5，熔點為攝氏1773度，具極佳抗氧化性、抗酸性與導電性，只能溶於鹼與王水，一般的化學溶劑對它毫無影響，鉑金在工業與電子上的用途也很大。

鉑金的金屬韌性極強，硬度亦高，耐刮磨，是製作珠寶非常好的金屬材料，不過價格較其他貴重金屬高許多。由於鉑金的熔點甚高，為鑲嵌方便經常會加入鈀（Palladium）等其他金屬變成合金，使熔點降低，方便製作珠寶，也降低成本。

至於為什麼鉑金會比其他金屬貴那麼多呢？一來因為鉑金的產量很少，全球每年鉑金的產量大約只有黃金的三分之一；二來因為鉑金比重高，以同樣大小的戒指為例，鉑金打造的重量又比K金重，因此價格當然也高了；第三個原因是鉑金的熔點高、堅韌度也高、打造不易，鑲製技術要求更高，因此製作成本也提高了。

鉑金戒指上的黃色金屬是黃金以錯金方式附上去的。La Stella珠寶提供

鉑金的純度

市面上鉑金純度以PT1000、PT950與PT900為主，PT1000指的是100％的純鉑金，PT950與PT900則分別是加入5％與10％的其他金屬成為合金，形成純度為95％與90％的鉑金，最常摻入的金屬為鈀，因為鈀能增強硬度也最能維持鉑原有的顏色。

黃金

金的化學符號為Au，顏色為金黃色，穩定度相當高，比重為19.32，熔點為攝氏1064度，具有極佳的延展性，導熱性與導電性很高，不溶於一般的化學溶液，是珠寶最常使用的金屬材質。

珠寶上最常使用的黃金合金為750與585，也就是我們常聽到的18K金與14K金，黃金的純度是以K金（Karat Gold）的國際標準衡量，以24K為100％的純金。純金太軟不適合鑲嵌寶石，所以多以K金製作珠寶。

K金的成數

● **24K金**：純黃金，純度高於99.5％以上的黃金才能稱為純金，許多金飾純度標示為9999或999，表示其純度高達99.99％或99.9％以上，是純金金飾經常使用的純度標示。

● **18K金**：75％的黃金加上25％的其他金屬合金，也稱為750，18K金的硬度可用來鑲嵌寶石，不過長時間佩戴仍難免有磨損。

● **14K金**：58.5％黃金與41.5％的其他金屬合金，一般稱為585，硬度較18K金更高，最適合用來鑲嵌寶石，歐洲許多K金都是以14K金製作的。

K金的顏色

● **黃色K金**：也稱黃K或K黃金，前面提及的14K金或18K金，是珠寶市場上最常使用的黃色金屬。

● **白色K金**：也稱K白金（White Gold），在黃金中加入其他金屬形成白色K金，外觀與鉑金相似，國內常用來加入的為鈀，因為鈀能讓K白金更接近鉑金的質感，同時增強其硬度。K白金製作技術不若鉑金困難，且價格較鉑金低，因此K白金是目前最受歡迎的白色金屬。

● **玫瑰金**：帶有微紅色調的K金，淡淡的粉紅色非常漂亮，因此被名為玫瑰金，是因為加入K金的金屬中含有銅的成分所致。

● **綠色K金**：合金中含銀的成分，使K金呈現淡綠色，在三色金的搭配中經常使用。

銀

銀的化學符號為Ag，顏色為灰白色，延展性僅次於黃金，比重10.5，熔點攝氏961度，化學性質較前面兩種金屬活潑，所以會與空氣中的二氧化硫作用形成黑色的硫化銀（AgS），也會溶於硝酸和熱濃硫酸，導電性很高。銀的熔點低又柔軟，容易製作成造型新穎的飾品，特殊的金屬質感與白金或鉑金不同，更讓近幾年流行市場吹起一股銀色旋風。當然人人都負擔得起的價位也是它普及的原因之一。

純銀的標準

由於百分之百的純銀過於柔軟，需加上其他金屬來增加硬度，方便製作與雕琢成銀飾品或鑲嵌寶石，1851年美國蒂芙尼（Tiffany）公司首度推出第一套銀器時，就以千分之九百二十五的純度製作，此後美國商品標準局也訂定所謂的925純銀標準，即所謂的Sterling Silver，銀的純度高達92.5％以上才可以稱為純銀，現在925銀已經成為最被廣泛使用的銀製品純度了。

寶石的語言

了解珠寶的第一步就是要懂得珠寶的語言，也就是寶石專用術語。在購買或欣賞美麗的珠寶時，不僅能更加了解寶石的特性，也讓你在購買時，做出最好的選擇。

我們在討論寶石的時候，通常將鑽石與其他寶石分開，鑽石以外的寶石都歸類為有色寶石，主要是因為鑽石有一套縝密而嚴格的鑑定分級標準，鑑定上與其他寶石不同，寶石的鑑定與寶石特性息息相關，熟悉常用的寶石基本用語，讓你更進一步了解繽紛的寶石世界。

折射率　Refractive Index

寶石的折射率是由光束自空氣中進入寶石內部相對的速率比值計算出來的，計算方式為光在空氣中的速度除以光在寶石中的速度產生的值即為其「折射率」。而寶石若固定屈折一個角度者稱為「單折射」，屈折兩個角度者稱為「雙折射」，兩個折射率值的差則稱為「雙折射率差」（Birefringence）。

比重　Specific Gravity

相同體積的水與寶石重量之比值稱為比重，將寶石在空氣中的重量除以寶石在空氣中的重量與寶石在水中重量之差值，所得的數值就是比重。以鑽石為例，鑽石比重3.52，意即鑽石重量為同體積水之3.52倍。

硬度　Hardness

寶石承受刮磨的程度，是以摩氏硬度表為標準，由天然的十種礦物來代表1至10的硬度標準，數字愈低，即硬度愈低，表示越容易因刮磨而受損。代表1的是滑石，硬度最低，而硬度最高的是代表10的鑽石，也就是說鑽石是所有礦物中硬度最高的。

但這十種礦物彼此間硬度級數差距並不相同，只是選擇該種寶石的硬度作為參考指標，舉例來說，鑽石的硬度10，是硬度為9的剛玉之140倍，而剛玉與緊隨其後硬度為8的拓帕石僅相差7倍。

要測量硬度唯一的方法是將寶石相互刮磨，視其受磨損的程度而定，不過在寶石鑑定上我們並不建議使用這種破壞性的方式，所以硬度多半是作為寶石表面光澤優良與否的指標。

1	滑石（Talc）
2	石膏（Gypsum）
3	方解石（Calcite）
4	螢石（Fluorite）
5	磷灰石（Apatite）
6	正長石（Orthoclase）
7	石英（Quartz）
8	拓帕石（Topaz）
9	剛玉（Corundum）
10	鑽石（Diamond）

摩氏硬度是德國礦物學家摩氏（Mohs）所訂定的，硬度由低至高排序參見前頁表格。

韌度 Toughness

指寶石能承受撞擊而碎裂的程度，韌度與硬度在寶石學上是截然不同的兩種特性，寶石脆弱與否是視其韌度好壞而定，與硬度無關，因此寶石受外力撞擊或掉落時是否容易損毀或破裂，主要視其韌度好壞來決定而非硬度。韌度的分級區分成五個等級，由優至劣依序為：極佳（Exceptional）、優良（Very Good）、良好（Good）、尚可（Fair）、不佳（Poor）。所有寶石中以軟玉的韌度最高，因其交鎖狀的結構能承受相當大的撞擊力而不致碎裂，硬度最高的鑽石還排在這種寶石後頭呢！

解理與斷口 Cleavage & Fracture

解理是礦物結晶中沿著一個特定方向可以被劈開的平面稱為解理面，這個解理面與礦物結晶的原子結構有關，通常是寶石原子鍵結較弱的部位，地質學上稱為「解理」。許多堅固的寶石必須沿著解理面才能被劈開，著名的克利蘭鑽石就是沿著解理面被分開的，鑽石的韌度比玉石低就是因為有一組明顯的解理，使得它可以被劈開之故，因此解理對寶石的韌度有一定程度的影響。

「斷口」則是寶石被強力敲斷裂開的破裂面，斷口並不是沿著解理面劈開，因此斷口處所呈現的破裂面出現不同的形狀有助於鑑別寶石。斷口的外型可分成貝殼狀（Conchoidal）、裂材狀（Splintery）、顆粒狀（Grainy）、不均勻狀（Uneven）等。

透明度 Transparency

指光線穿透寶石的程度，當寶石中含有愈多內含物、裂隙、瑕疵等時，其透明度就愈低。寶石的透明度分為五種：全透明（Transparent）、半透明（Semi-transparent）、透光（Translucent）、半透光（Semi-translucent）及不透明（Opaque）。透明與透光的區別在於光線能穿過寶石的多寡，透明的意思是允許絕大部分的光線穿透寶石，而且多半可以看清寶石背後的景物，依清晰度分成透明與半透明；而透光則是只容許部分光線能穿透寶石，以燈光自寶石背後照射可以看到光線透過寶石，但是無法看到寶石背後的東西，依光線穿透的多寡分成透光與半透

光，通常半透光的寶石只有在寶石邊緣較薄的部分才能看到光線穿透，而寶石中央較厚的部分則無法讓光線穿透；至於不透明則是完全無法讓光線穿透的寶石。

個顏色則稱三色性（Trichroism），最明顯的例子是碧璽與丹泉石，其他雙折射寶石多半也有多色性現象，但不那麼明顯，所以較不易觀察。

董青石具明顯多色性，以不同角度觀察，會呈現不同的顏色。

光澤 Luster

寶石的光澤來自光線的反射，當光線照到寶石時，一部分的光線進入寶石產生折射，另一部分的光線被反射回來，寶石的光澤取決於其折射率高低及表面拋光的良莠，折射率愈高、表面拋光愈好的光澤愈佳。最好的光澤即鑽石的金鋼光澤（Adamantine），其次是常見的玻璃光澤（Vitreous），如紅藍寶、祖母綠等，大部分透明寶石都屬於玻璃光澤。其他還有金屬光澤（Metallic）、珍珠光澤（Pearly）、絲緞光澤（Silky）、蠟狀光澤（Waxy）、油脂光澤（Oily）及無光澤（Dull）等不同的類型。

多色性 Pleochroism

所謂多色性是指由不同方向觀察雙折射寶石，可以看到不同的顏色或顏色深淺不同的現象，這是由於寶石的雙折射現象吸收不同波長的光線所形成，因此由不同方向觀察寶石的結晶常呈現不同的顏色。出現兩種顏色稱為雙色性（Dichroism），三

色散率 Dispersion

所謂色散就是白色光線進入寶石的時候，寶石將光線分成紅橙黃綠藍靛紫七種顏色的色光，簡單的說就是所謂的三稜鏡現象，這是因為白色光線中所含的各種色光波長不同，在寶石中的行進速度不同，散發出七彩的光芒，色散率愈高的寶石發出色光的現象愈明顯，這個特性就是我們所稱的「火光」，鑽石的色散率高達0.044，所以能散發出燦爛似火的光芒。

結晶晶系 Crystal system

寶石礦物通常都會有固定形成的獨特結晶型態，其晶格型式是由礦物的物理特性決定，而寶石的結晶形式會影響寶石的切割方式。寶石的結晶大致可以分為六大晶系：等軸晶系（Isometric）、正方晶系（Tetragonal）、六方晶系（Hexagonal）、斜方晶系（Orthorhombic）、單斜晶系

（Monoclinic）及三斜晶系（Triclinic），所有等軸晶系的寶石都是單折射寶石，其餘的晶系則是雙折射寶石，各個晶系特性各異，以下一一介紹。

1. 等軸晶系

結晶晶體的三個結晶軸彼此相互垂直且長度相等，故稱等軸晶系；因外型近似立方體，也稱為立方晶系（Cubic System）。鑽石的八面體結晶便是等軸晶系最典型的例子。

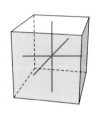

2. 正方晶系

晶體的三個結晶軸彼此相互垂直，其中有一軸長度不同，其餘二軸長度相等。外型為四面稜柱狀、金字塔型及雙金字塔型。風信子石的四方雙錐體結晶是正方晶系典型的例子。

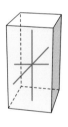

3. 六方晶系

六方晶系有四個結晶軸，其中三個軸在同一平面彼此以60度或120度相互交叉，另外一軸則垂直於此三軸交叉的平面，外型極易辨別，側邊有六個面，六方晶系典型的例子是綠柱石。

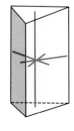

註：另一個系統晶系將三方晶系（Trigonal）由六方晶系分離出來，兩者的差異在於三方晶系垂直的縱軸為三次對稱軸，而六方為六次對稱，將水晶、剛玉、碧璽與方解石歸類為三方晶系。

4. 斜方晶系

三條結晶軸彼此相互垂直，但長度皆不相同，外型為長方的柱狀或板狀結構。拓帕石（Topaz）的柱狀結晶是此晶系典型的例子。

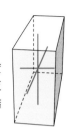

5. 單斜晶系

單斜晶系有三個結晶軸，其中二個結晶軸彼此相互垂直而第三個結晶軸則與其他兩軸不垂直，且三軸長度皆不同。鋰輝石（Spodume）是屬於單斜晶系的寶石。

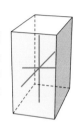

6. 三斜晶系

三斜晶系的對稱性最低，三個結晶軸彼此間皆不相互垂直，長度亦不相等，土耳其石（Turquoise）的結晶便屬於此一晶系。

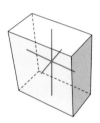

非晶質 Amorphous

不具有固定結晶形式的寶石稱為非晶質（Amorphous）寶石，蛋白石就是最典型的非晶質寶石。

聚合體 Aggregate

由多種礦物集結形成的岩石類寶石，在自然界所形成的寶石其實多半會夾雜其他礦物成分，純粹單一礦物的結晶並不多，像翡翠、青金石等都是聚合體的寶石。

21

簡易寶石檢測法

寶石 鑑定需要專門的學問與經驗的累積，消費者在購買的時候可以找專業鑑定所為品質把關，不過熟悉一些小技巧可以輔助消費者自己做簡單的檢測，讓購買珠寶時更加安心，也對自己的寶石有更深的了解，這個單元提供一些分辨寶石的小訣竅，提供讀者參考。

手持鑑定小工具時，放大鏡到眼睛與到夾子的距離相等。

目測觀察

首先從顏色著手，大部分的寶石都有其特殊色調，仔細分辨可以發現彼此間的不同，例如紅寶石、紅碧璽、紅石榴石與紅尖晶石都是紅色，但仔細觀察仍可發現各類寶石色調的區別。再來觀察寶石的表面光澤，硬度越高的寶石拋光後表面光澤越高，鑽石的光澤是所有透明寶石中最佳的，屬金剛光澤，其他大部分的透明寶石都是玻璃光澤，低於玻璃光澤的寶石硬度多半較低大約只有5左右，如蛇紋石。接下來檢查寶石的切割，所有寶石都有比較典型的切割方式，雖然也有例外情況發生，但寶石的切割都會依據寶石的透明度來選擇，透明度高的才會切割成刻面寶石（Faceted Gemstone），透明度較差的則多為蛋面（Cabochon）或雕刻，檢查每種寶石的透明程度應該會做什麼樣的切割形式，例如鑽石著重於其淨度與切割，因此切割成特殊的明亮型切割，翡翠或軟玉透明度最多只能切割成蛋面等。顏色、光澤與切割都會透露出寶石特性的相關訊息，提供寶石判別的初步資訊。

觸感

天然寶石冰涼的觸感是人造合成寶石所無法塑造的，不過這種溫度的差別很小，需要經驗的累積。人體對溫度最敏感的部位是手指指腹與雙唇，所以可以用這兩

個地方感受一下，著名的寶石學權威古柏林（Gubelin）先生就曾在一場〈無儀器寶石鑑定法〉的演講中提到「給你的寶石一個初吻」（Give your gemstone a first kiss.），就是這個道理。譬如天然翡翠的冰涼觸感與其他仿品的不同只要用手觸摸就可以感覺得到。

專業鑑定工具。

隨身攜帶的小工具

筆燈、夾子與寶石專用手持10倍放大鏡是最簡易的鑑定工具，對於高難度的寶石一般消費者或許無法僅憑這些簡易工具來鑑別，不過可以用這種方便攜帶的工具做簡單的檢測，例如雙折射現象強的橄欖石與風信子石，可透

隨身攜帶的筆燈、夾子與手持10倍放大鏡。

過放大鏡看底部切面稜線的雙影現象。正確使用手持放大鏡的方式是以左手將寶石夾起，右手食指穿過放大鏡底下的孔，兩手輕靠在面頰上，放大鏡在眼睛與寶石中間，與兩者的距離各為一吋。這個距離就是10倍放大鏡的焦距所在。正確的使用手持放大鏡可以看到寶石的內含物特徵，一般消費者可能因為經驗不足很難就此鑑定

真偽，不過可以更加了解你自己的寶石。

鑑定工具

一般的鑑定儀器有測量折射率的折射儀、檢查單雙折射的偏光鏡、檢查吸收光譜的分光鏡、測量重量的克拉秤等等，這些在一般鑑定所中都可以見到，許多鑑定所還擁有較高階的鑑定設備，如紅外線光譜儀，而更高級數的鑑定儀器，如拉曼光譜儀等，只有在學術研究單位中才能見得到，這些儀器的使用都需要專業人士才能判讀分析得到的圖譜，遇到難度較高或價格較高的寶石，我還是建議消費者尋求專業的諮詢與鑑定，讓購買更加安心且有保障。

決定寶石價格的因素

購買寶石之前多數人最大的疑慮不外乎我想買的寶石到底該值多少錢？我會不會買貴了？這個單元並不是要告訴你什麼寶石值多少錢，而是希望建立讀者有關寶石價格的正確概念。

決定寶石價格的主要因素

我們都了解鑽石以所謂的4C作為評鑑的標準，其實這四個評量標準對所有寶石而言都是決定價格的主因，只不過鑽石所討論的4C有一套獨有且嚴謹的評鑑準則，但對有色寶石而言，評量的準則就稍有不同。

1. 克拉

克拉（carat）是所有寶石的計重單位。每克拉等於0.2公克，又細分為100分（Point）。當然克拉數越高，價錢也越高，但寶石價錢與克拉數的關係並非以同比例攀升，即一顆2克拉的寶石價格不是同等級1克拉寶石價錢的兩倍，而是遠超過兩倍以上的價錢，這是因為越大的寶石原石越罕見，價格躍升的幅度也越大。

2. 淨度

寶石內部的乾淨程度，我們稱之為淨度（clarity），主要取決於寶石內含物的多寡，內含物越少的淨度越高。內含物太多時會影響到光線的反射，使得寶石的光彩變差。鑽石對淨度的要求較其他有色寶石高，就是因為光線反射好壞對鑽石的光彩影響很大。然而對有色寶石而言，淨度就不需過度苛求，一來有色寶石多半因含微量元素而致色，外來物質使它的淨度較差，二來內含物通常是鑑定真偽的重要指標，也是提供產地鑑別的最佳依據。

3. 顏色

顏色是攸關寶石價格高低的重要指標，鑽石有一套嚴格的成色鑑定標準。有色寶石的顏色更是決定價格的最重要因素，基本上有色寶石顏色評鑑以顏色越純淨、色彩越鮮明亮麗者等級越高，價格也越高。

4. 車工

車工（cut）是鑽石的靈魂所在，優良的車工才能讓鑽石的光彩達到最佳的狀態，現今的消費者越來越懂得注重鑽石的車工，因此市場上出現所謂的八心八箭、Hearts On Fire、麗澤美鑽（Lazare

Diamond）等強調優良車工的鑽石。相對來說，有色寶石的車工似乎就較不受到重視，其實有色寶石的切割也非常重要，優良的車工才能讓寶石的色澤更為亮眼，尤其是克拉數越高的大型寶石越難切割，因為底部切面必須排列更加完美而細緻才不會有「漏窗」的現象，所謂的漏窗就是從桌面看底部有局部的空洞，像開了一扇窗一樣直接看到寶石後面，這是因為寶石底部的刻面排列不夠完美，所以無法將光線反射回來之故。

評鑑車工好壞是以寶石的拋光（Polish）與比例（Proportion）為考量依據，表面的光澤取決於拋光的好壞；而完美的比例才會有良好的對稱性並散發最美麗的光彩。許多有色寶石為了讓寶石看起來較大，故意將寶石桌面切的較大，或者刻意將寶石切割得較為扁平，其實這是不正確的，因為比例不佳會減低寶石光彩，反而會減損寶石的價值。

影響寶石行情的外來因素

珠寶市場上的寶石價格有時會因國際局勢、匯率變動等外來因素而波動。不過不管是經濟因素還是小道消息，這些外來因素充其量只能暫時性地影響市場行情。

基本上，影響寶石行情的外來因素不外乎產地因素、國際經濟局勢與新式處理或合成寶石的問世三項。產地因素是寶石產區特殊狀況的影響，就像日本珠數年前因為養殖海域的貝類大量死亡，市場上大量缺貨使得行情上揚；國際局勢的緊張與匯率的波動也會影響寶石價格高低；而新的處理方式與合成寶石的問世讓消費者信心動搖，也會在短時間內影響寶石的銷售，因此許多寶石研究機構都會在第一時間發布新式處理或合成寶石的資訊與鑑定方式，就是為了穩定市場。

如果想了解寶石的行情可以參考國際兩大拍賣公司——蘇富比（Sotheby's）與佳士得（Christie's）的珠寶拍賣價格。此外還可經由搶標的過程中，了解目前市場上最受歡迎的搶手商品與流行趨勢。

最主要還是寶石本身的條件

談了這些影響因素後，還是要提醒消費者這些外來因素影響的是行情，即一段時間內價格的小幅度波動，但寶石的身價依舊，所以決定寶石價格的最主要因素仍取決於寶石本身的條件。我們在採購時應優先考量寶石本身的條件，再參考其他外來因素對行情的影響。

寶 石 風 華

Beautiful
Jewelry

你可曾感受過紅寶石的熾烈熱情、藍寶石的沉靜深邃或是祖母綠的風華絕代？

你可曾震撼於鑽石的耀眼奪目、珍珠的滑柔細膩、翡翠的溫潤瀲灩或是水晶的晶瑩剔透？

多彩繽紛的寶石有著讓人不忍逼視的美麗，卻又聲聲催促著、

揪著人心勾起人進入華美寶石世界的慾望。

就讓我們順著內心的想望一起領略那些世間瑰寶的美吧！

良和時尚珠寶提供

上圖亞帝芬奇珠寶提供
下圖克拉多珠寶提供

鑽石 |恆久遠的耀眼寶石|

DIAMOND

「鑽石恆久遠，一顆永流傳。」相信這句話對許多鑽石愛好者一定不陌生，它不只是女人的最愛，也是愛情彌堅的象徵，更是事業成功的有力明證。鑽石成為許多人的最愛絕非偶然，更不是浪得虛名，因為它擁有許多足以傲視其他寶石的特性，例如無可匹敵的光澤度、火光、硬度，甚至價格都凌駕於它種寶石之上。鑽石是四月份的生日石，在西洋占星術的九大行星中代表太陽，正好符合鑽石尊貴的形象，以及它在珠寶世界裡所扮演的不可或缺角色。

diamond profile

鑽石小檔案

折射率	2.417（單折射）
色散率	0.044
比重	3.52
硬度	10
化學式	C
結晶型式	等軸晶系 Isometric

男人的鑽石

　　想到鑽石多半會聯想到它是女人最好的朋友，但是其實在鑽石最早被發現的時候，它是屬於男人的寶石，戰士的護身符，裝飾在劍柄或盾牌上作為裝飾。因為它太硬了，人們無法切磨它，所以被命名為Adamas，意思是「不可征服的石頭」，源自於希臘文，這就是英文Diamond名稱的由來。

　　直到十五世紀中期才由荷蘭一位叫做凱姆的寶石師傅想出研磨鑽石的方法，凱姆是個很有才能的寶石工藝師，但是他很窮且腳又微跛，卻愛上了雇主的女兒，雇主為了讓他知難而退，故意要他將鑽石切磨成功才將女兒許配給他；愛情的力量果然讓凱姆想出切磨鑽石的方法，最硬的石頭當然要用最硬的石頭才能切磨，於是鑽石從此在人們的眼前閃耀出動人的光彩，凱姆也順利娶到美嬌娘；原來鑽石也是男人因為女人才切磨出來的。

造型獨特的鑽石對戒，歐洲設計師的設計作品。La Stella珠寶提供

女人的鑽石

鑽石在什麼時候開始成為女人的裝飾品呢？據說是在法王查理

質色皆佳的大克拉數彩鑽行情看漲。威力寶提供

七世統治時，當權者的魅力吸引了無數名門佳麗希望獲得國王的垂愛，在一場王室宴會中有一名婦女為了讓自己更耀眼，向朋友借來許多鑽石串成項鍊配戴，果然成功吸引查理七世的眼光，從此鑽石就成了女人最炙手可熱的裝飾品。

有關鑽石的傳說

古希臘人相信鑽石是出現在一個杳無人跡的山谷，那裡遍地鑽石，但無人能到達山谷取得鑽石，因為天上有禿鷹盤旋監視，谷中有猛獸虎視眈眈，曾經冒險求寶的人有去無回，商人們想到取得鑽石的方法就是向谷中丟擲大肉塊，禿鷹看見肉塊俯衝而下，抓起沾有鑽石的肉塊，飛到山谷上準備大快朵頤，商人們見機用石頭丟禿鷹，趕走牠們以獲取隨肉塊被帶到山谷上的鑽石；這個故事是《天方夜譚》中的記載，不管故事的真假，鑽石會吸附在肉塊上倒是有可能的，因為鑽石具有親油性，所以肉塊上的油脂確實可能會使鑽石沾在上頭。

過去印度人相信鑽石能讓主人增添力量，趕走噩夢，因為人們認為噩夢是無形的惡魔，會帶來災難，擁有鑽石的人就可以增添力量趕走邪惡的魔鬼，而佩戴鑽石也可以防範他人的詛咒。

還有一種說法是佩戴著鑽石可以對付情敵，尤其是女性手上戴著鑽石睡一個晚上，口中念著：「他是屬於我的。」第二天情敵就會受到嚴重衝擊，而且心上人也會乖乖的守在身邊。不知道是真是假，有興趣的人不妨一試。

diamond story
愛 情 的 信 物

開始以鑽石作為婚戒是在十五世紀時期，西元1477年神聖羅馬帝國皇帝馬克西姆林大公娶公爵的女兒瑪麗為妻，結婚之前皇室收到女方寄來的一封信，內容提到：「結婚時要贈送黃金與鑽戒」，這封信被保存了下來，此後王室就這樣固定以鑽石為婚戒，至今新人結婚大多以鑽石當作結婚戒指就是由此而來的。

至於結婚戒指為什麼要戴在無名指上呢？這個習俗源自古羅馬時代，人們認為無名指是愛情駐紮之處，也是支配心臟的手指，戒指戴在這一指表示用這支手指永遠圈住對方，意味著永恆的愛戀。而這個指頭也是太陽神阿波羅的守護指，至於阿波羅與愛情婚姻有什麼關聯呢？可能是象徵兩人的愛情能像太陽一般永恆並散發熾熱的光亮吧！中國人則有不同的看法，中國醫學認為無名指上有些重要的穴道，戒指戴在無名指能刺激穴位、保持健康。也有人認為左手的無名指是平常較少用到的一根手指頭，戒指戴在這一指不會影響工作，也不容易弄丟，這是比較實際的想法。

鑽石的歷史

最早有關鑽石的文獻記
載是出現於西元一世
紀普利尼斯的《博物
誌》，但是鑽石早在西
元前四、五百年前就被發
現，只是在當時因為無法切磨，所以一直
沒有被當作寶石對待。直到後來荷蘭的寶
石工藝師想出切磨鑽石的方法，鑽石與人類
才開始發展出密不可分的關係。

西班牙名牌Carrera
y Carrera鑽飾設計
作品。嘉記珠寶提供

印度是最早發現鑽石的地方，雖然當時並沒有文獻記載，但印
度是在南非鑽石礦發現以前唯一主要的鑽石產地，而南非的鑽石
礦業是在西元1800年代後期發現大量鑽石礦脈後才開始，不過
由於鑽石有許多變革都發生在南非鑽石礦最蓬勃的時代，例如掌
控全球鑽石最重要的機構戴比爾斯（De Beers）就是在這裡發源
的，還有聞名全球的普里米亞鑽礦（Premier Mine）等，導致大
部分的人都以為南非是鑽石最大的產地，以目前的市場而言，南
非所產鑽石只占世界總產量的12％，但是南非在鑽石歷史上確實
扮演了重要的角色。

鑽石的形成

鑽石的成分是純碳，誕生於地底80公里或更深的管狀火成岩脈
中，形成的溫度為攝氏1100至1300度，是高溫高壓形成的礦物，
經由慶伯利岩（kimberlite）推昇到地表。蘊藏鑽石的礦床叫藍
土（blue ground），就是慶伯利岩床；表面覆蓋的岩層叫黃土
（yellow ground），是氧化後變成黃色的慶伯利岩，但並不是所
有的慶伯利岩層都有鑽石，通常是富含橄欖岩（Olivine）的火成
岩體中才可能有鑽石。

鑽石的特性

有價值的東西常有它令人意料之外的一面，鑽石就是最好的例子，它的成分是單一的純碳，卻具有許多特性凌駕其他寶石之上；鑽石折射率2.417，高於其他天然寶石，色散率高達0.044，所謂色散就是光線進入寶石時，寶石能將光線分成七彩顏色，簡單的說就是所謂的三稜鏡現象，這個特性使得鑽石擁有傲視所有寶石的「火光」，也是鑽石最吸引人的光彩。

鑽石的結晶型式為等軸晶系，比重3.52。酸或鹼等化學物質對鑽石並不具有任何破壞力，只有鉻硫酸在溫度高達攝氏200度時才能破壞鑽石的結構形成氧化碳，因此佩戴時不用擔心會受化學藥劑的影響，鑽石切割的全反射效應讓X光線也難以穿透。

鑽石的導熱性高，這也是高於其他寶石的特性之一，市面上有一種鑑別鑽石真假的鑽石探針（或鑽石筆），就是利用此一特性來測試鑽石的真假，有少數人以為鑽石探針是測試硬度的硬度計，其實這是錯誤的觀念。

鑽石硬度為10，是所有天然礦物中硬度最高的，由於硬度是以十種天然寶石為標準，所以每一個硬度級數彼此間的差異並不相同，像鑽石的硬度與僅次於它的剛玉硬度彼此相差了140倍之多，但剛玉與排名其後的拓帕石兩者硬度相差只有7倍。正因為鑽石有如此高的硬度，所以它也常被用來切割其他寶石，而當然也是只有鑽石才能切磨鑽石；鑽石在工業上也有很多其他的用途，工業用鑽被稱為金剛石。

La Stella珠寶提供

鑽石的4C

評選鑽石的方法稱為4C，是由四個開頭字母為C的英文來區分鑽石的等級，這四個C是決定鑽石價格高低最主要的因素，分別是：Carat（克拉）、Clarity（淨度）、Cut（車工）、Color（顏色），這四個影響鑽石等級的因素，各有不

La Stella珠寶提供

同的學問，缺一不可，鑽石也是所有寶石中評鑑標準最嚴格的，其他寶石也可以用這4C來做參考，但標準不像鑽石這般嚴謹，也沒有區分到這麼細膩。

CARAT克拉

克拉是所有寶石的計重單位，鑽石也以克拉來計算重量，1克拉等於0.2公克，每1克拉又細分為100分（Point）。當然越重的克拉數越高，價錢也越高，但是鑽石的價錢與克拉數的關係並不是以同一比例攀升的，意思是說一顆2克拉的鑽石價格並不是同等級1克拉鑽石價錢的兩倍，而是遠超過兩倍以上的價錢。以鑽石而言，從礦場採出的礦石中，4公噸礦石中才能得到大約1克拉的鑽石，而其中可以作為珠寶的只占20％，其他的都只能做為工業用途。

CLARITY淨度

淨度是指寶石內所含的內含物與內外是否有瑕疵的程度來區分等級。鑽石的淨度區分是以鑽石在10倍放大鏡下所能觀察到的內含物為標準，分為FL、IF、VVS1、VVS2、VS1、VS2、SI1、SI2及I1、I2、I3。由於鑽石乃天然形成，稍微有些內含物在所難免，將淨度做區分是為了讓評價有固定的標準，所以我們在挑選鑽石的時候對鑽石的淨度不需要非選擇完美無瑕的不可，一來因為價格太高，二來大部分的等級除了I1、I2、I3以外，其餘的多半是肉眼看不見的，戴在身上並不影響鑽石的亮度。

• **FL（Flawless）**：無瑕又稱為全美，鑽石在10倍放大鏡下觀察，內部與外部都不能有任何內含物或瑕疵，是淨度的最高等級，價格比IF更高。

• **IF（Internal Flawless）**：內部無瑕，也可稱為全美，鑽石在10倍放大鏡下觀察內部沒有任何內含物或瑕疵，但可以容許輕微的表面瑕疵，其價格與僅次於它的VVS1有不小的差距。

• **VVS1（Very Very Slightly Included 1）**：極輕微的內含物一級，在10倍放大鏡下也很難找到的小針點內含物（pin point）或羽狀紋（feather）。這個等級裡的微小內含物有時連鑑定專家都不容易找到。

• **VVS2（Very Very Slightly Included 2）**：極輕微的內含物二級，在10倍放大鏡下也

diamond story

鑽 石 報 價 單

鑽石的價格有一定的計算方法，鑽石報價表是由紐約鑽石商Martin Rapaport先生收集鑽石零售價格，根據GIA的等級以表格的方式排列制定出來的，這使得鑽石市場價格公開化，鑽石商的利潤相對的被限制，造成了鑽石業界相當大的震撼，但是今天全球鑽石零售市場幾乎都以這個報價表來計算鑽石價格。這份報價表隨著市場上的供需而有波動，每一至兩個星期會有新的報價，所以鑽石的價位會隨著國際報價而有改變，在台灣鑽石價格還多了一項美金匯率漲跌的考量因素。不過報價表上的價格是以GIA鑑定書的等級為準的，如果不是GIA的鑑定書通常會比報價表上的價格低一些。

計算價格首先看表上註明的時間是否為最近的行情表，圓形鑽石與花式車工的鑽石有不同的報價表，圓鑽表格在標示重量範圍的黑欄位上有ROUND字樣，而花式車工通常以水滴型PEAR為計算標準，之後依照鑽石重量找到該範圍重量的表格欄，再依照鑽石的淨度與顏色（表格欄中橫列為淨度等級，直行是顏色等級）查對鑽石的單位售價也就是每克拉的價格，表格中的數字是以100美元為單位，以「每克拉單價×鑽石克拉數×美金匯率」計算出鑽石行情價格，然而由於市場供需情況不一，有些等級雖有報價，卻不見得能以報價上的行情買到該等級的鑽石，此外，報價表也有無法顧及的死角地帶，車工在報價表中並未出現，一昧以公式計算鑽石價錢使得車工經常被忽略，優良車工的鑽石也經常會比同等級鑽石的價格高一些，因此鑽石行情不能全然以報價表當成唯一的標準。

米蘭珠寶提供

不容易找到內含物，與VVS1的差別僅在於內含物稍微大一點或者是內含物出現的地方較為接近鑽石的桌面。

• VS1（Very Slightly Included 1）：輕微內含物一級，在10倍放大鏡下不容易找到內含物，有時是較多的針點內含物或者稍微清楚一點的羽狀紋。

• VS2（Very Slightly Included 2）：輕微內含物二級，在10倍放大鏡下也不太容易找到內含物，與VS1的差別在於內含物是否在放大鏡觀察下比較容易看見。這個等級的淨度仍然是屬於高品質而稀少的鑽石淨度。

• SI1（Slightly Included 1）：微內含物一級，在10倍放大鏡下內含物才可看到，除了前面提過的內含物之外，可能還有體積稍大的內含物，如鑽石的小晶體等。一般到這個等級都還是在肉眼下看不到內含物的階段。

• SI2（Slightly Included 2）：微內含物二級，在10倍放大鏡下內含物清晰可見的程度，有經驗的鑑定師用肉眼也可以看到內含物，但是較無經驗的一般消費者可能還是無法用肉眼看出內含物。

• I1（Included 1）：內含物瑕疵一級，不需10倍放大觀察就可以看到內含物，即使無經驗的消費者也很容易找到鑽石的內含物甚

鑽石報價表

35

至裂紋。

- I2（Included 2）：內含物瑕疵二級，不只是看到內含物而已，內含物占了鑽石近1/4，甚至因此而影響到鑽石的亮光。

- I3（Included 3）：內含物瑕疵三級，內含物不只是影響鑽石的亮光甚至延伸到鑽石表面來，尤其裂紋可能會影響到鑽石的耐用性，這個等級的鑽石在珠寶業很少，因為這種鑽石不美觀且有破裂的危險，多半被當作工業用鑽。

CUT車工

鑽石的車工又是另一門學問了。現今最常見的圓明亮型切割（Round Brilliant Cut）是在1910年發展出來的，圓明亮型切割將鑽石以腰圍分成上下兩個部分，上面叫冠部（Crown），由內而外有1個桌面、8個星面（Star Facet）、8個風箏面（Bezel Facet）與16個上腰刻面（Upper Girdle Facet）；下面的部分叫底部（Pavilion），從腰圍至尖底有16個下腰切面（Lower Girdle Facet）、8個底部刻面（Pavilion Facet）及1個尖底面（Culet），但尖底面並不是必要的，現代的車工多半沒有尖底面，所以總共是57個切面。各部位的名稱及切面請參考左圖。

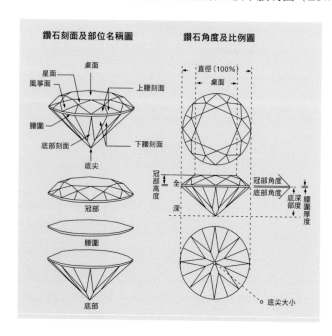

鑽石刻面及部位名稱圖　　鑽石角度及比例圖

桌面　星面　風箏面　上腰刻面　腰圍　底部刻面　下腰刻面　底尖　冠部　腰圍　底部

直徑（100%）　桌面　冠部高度　全　深　冠部角度　底部角度　底深　底部　腰圍厚度　底尖大小

- **理想式車工**：西元1919年，一名工程學博士托考斯基（Marcel Tolkowsky）發明了一種能讓鑽石的光彩達到最完美的比例，我們稱之為「理想式車

工」，也有人稱之為「完美車工」，
這是鑽石的所有部分都要按照規定的
比例切割，讓鑽石散發最閃亮的光
彩。理想式車工的比例是用鑽石本
身所具有的高折射率2.417與高色散
率0.044計算出來的，鑽石的比例是
以直徑為100％的基準來計算，桌面
為53％，冠部角度34.5度，底部深度

由左而右分別為花式切割之心型、梨型、橢圓型、圓型及祖母綠型。米蘭珠寶提供

43％，腰圍厚度適中，拋光與對稱性優良，才能被稱為是理想式
車工。至於其他的圓明亮型切割為什麼不能叫做理想式車工呢？
那是因為大多數鑽石將桌面切磨成稍微大一點，讓鑽石看起來比
較大，但並不是說非理想式車工的鑽石就不是好的車工，只要在
容許的範圍內就可以。

● 花式切割：除圓明亮型切割外，鑽石還有許多的切割方式，
通稱為「花式切割」（Fancy Cut），常見的有梨型（Pear
Shape）、公主方型（Princess Cut）、祖母綠型（Emerald
Cut）、馬眼型（Marquise）與心型（Heart Shape）。基本上花式
切割的車工評鑑也是依照拋光與對稱性兩項來評等，不過花式車
工因為不是圓形的，所以對稱性更為重要。

● 車工等級：美國寶石學院將鑽石車工分成五個等級，由高至低依
序為極優良（Excellent）、非常良好（Very
Good）、良好（Good）、普通（Fair）與不
佳（Poor），並從2006年開始鑽石鑑定書增
列了鑽石車工等級，讓消費者很容易從鑑定
書中判斷鑽石車工等級的高低，極優良與非
常良好的鑽石都是優良的車工，而所謂的標
準車工是等級為良好的車工，車工優良的鑽
石價格通常會比標準車工的鑽石高出許多。

diamond story

鑽｜石｜的｜清｜理

鑽石親油性高，易吸附油脂、灰塵，使得
鑽石光彩受影響，清理鑽石非常簡單，只要
用一般的肥皂或沙拉脫清洗就可以了，如果
是鑽石底部用手無法清洗到的地方可以用軟
毛刷，在這裡建議用女生化妝用的眉刷，就
可以恢復鑽石動人的光彩，若要請珠寶店清
洗也可以。

米蘭珠寶提供

鑽石顏色判別標準

顏色等級	顏色範圍	判定方法
D、E、F	無色	完全無色，鑽石由冠部或從底部觀察都沒有顏色。
G、H、I、J	接近無色	鑽石從冠部看不出顏色，將鑽石翻轉自底部觀察可以看到稍微帶有黃色。在此等級以前的顏色都可以鑲在白色金屬上而不覺得帶黃。
K、L、M	微黃	從上方看可以感覺顏色微黃，從底部看則明顯看到黃色。這個等級以後就不適合以白色金屬鑲嵌鑽石，否則會讓鑽石看起來更黃。
N到Z	淺黃	鑽石的顏色明顯偏黃，這些等級的顏色市場上已不多見。超過Z Color的才可以被稱為黃色彩鑽。

綠鑽。黎龍興珠寶
專賣店提供

COLOR顏色

　　GIA對鑽石顏色等級區分是世界上最通用的，雖然歐洲另有一套以文字敘述來區分鑽石顏色等級的系統，但是GIA以字母D到Z來劃分顏色既簡單又方便，所以全球的鑑定所都是以GIA系統為主，也讓全球鑽石業者們與消費者有統一的標準。

　　區分鑽石的顏色等級不能以肉眼判別，必須要在標準光源的燈箱中以標準規定的比色石判定，比色石需由經GIA認證具有標準顏色的鑽石為準，帶有黃色及褐色是以同一標準來評定其顏色等級，因市面上多半是以黃色為主，以下敘述就以黃色為代表。完全無色的鑽石稱為D Color，是所有顏色等級中最高的，基本上D、E、F三個顏色都是無色，連專家都無法光憑肉眼判別這三級的差別；G、H、I、J接近無色，有經驗的行家馬上就可以看出其顏色與前面D、E、F顏色範圍的不同；到了K、L、M這三個等級一般人都可以看到顏色呈微黃，由此顏色漸深直到黃色的Z Color。

　　筆者並不建議消費者自行鑑定鑽石的顏色，因為日常生活中的各項視覺刺激會影響我們對顏色的判別，而且對顏色的敏銳度無

法像受過訓練的鑑定師一般靈敏，不過倒是有一套簡單的判別標準供讀者們參考，可以大略得知鑽石的顏色範圍，購買鑽石時可依此對照店家所說的等級是否確實（見上表，顏色等級以GIA鑑定書為準）。

彩色鑽石

彩色鑽石（Fancy Color Diamond）在國際拍賣會上價格屢創新高，成為珠寶市場上熱賣的主流商品，鑽石市場不再只是白鑽的天下，變得更加繽紛多彩，彩鑽產量比白鑽稀少，主要價值在於顏色與顏色的稀有性，因此色澤優美、顏色飽和的彩鑽價值比起白鑽還要高，而且顏色越稀少的彩鑽價格越高，彩鑽一般淨度比白鑽稍差，所以選購彩鑽不需要過度苛求淨度等級。

UD diamond
喬喜鑽飾提供

彩鑽泛指白鑽以外的所有顏色的鑽石，而黃色、棕色鑽石顏色等級必須超過Z Color以上才可被稱為彩鑽，成分純淨的鑽石理論上是無色的，彩鑽顏色形成主要是由於鑽石含有某些特定微量元素或晶格結構扭曲所造成的。不同顏色的彩鑽致色成因不同，常見的黃色系彩鑽主要是由於含有氮（Nitrogen）元素而致色，藍色彩鑽是因為含有硼（Boron），粉紅鑽與棕色彩鑽主要是結晶晶格扭曲所形成，綠色彩鑽是由於天然輻射而致色，過去曾經流行一時的黑色鑽石是因為鑽石中含有許多細小的黑色石墨內含物而使鑽石呈黑色。

彩鑽主要是因其顏色及顏色的濃淡來決定價格，不同顏色有不同的價格範圍，紅鑽、藍鑽、粉紅鑽是價格最高的彩鑽，依次為綠色、橘色、黃色與棕色的彩鑽，黑色鑽石的價格較低，彩鑽顏色濃淡共有九種等級，由淡逐漸加深為Faint、Very

diamond story

鑽│石│的│產│地

全世界有產鑽石的國家不少，這裡所列出的是具有商業產量的國家，非洲是產鑽石國家最多的洲，有南非、波次瓦納、薩伊、納米比亞、塞拉里昂共和國、安哥拉、中非共和國、幾內亞與坦尚尼亞；美洲有加拿大、巴西、委內瑞拉等；亞洲則有俄羅斯、印度、黎巴嫩與中國，還有澳洲，而澳洲又是以粉紅鑽主要產地而聞名全球。

light、Light、Fancy light、Fancy、Fancy intense、Fancy vivid、Fancy deep與Fancy dark，其中最高的濃度等級為Fancy vivid、依次為Fancy intense、Fancy、Fancy light，而Fancy deep與Fancy dark顏色則較深或過暗，黃色與棕色鑽石顏色要在Fancy light以上才能稱為彩鑽，其他顏色的鑽石只要有Faint以上的顏色都可以稱為彩鑽。

以上所說的都是天然形成的彩色鑽石，但是彩色鑽

Sifen Chang張煦蓁提供

石也可以經過人為處理而致色，處理鑽石顏色的方法主要是輻射處理與高溫高壓處理，天然與人工致色價格差異很大，但鑽石顏色的處理無法用一般儀器檢測出來，必須具備像輻射偵測儀這種高階鑑定設備才能檢測出顏色的天然與否，目前只有國際知名的鑑定機構才有能力開出這種鑑定書，所以最好購買有國際鑑定書的彩鑽，不過每個鑑定機構的彩鑽鑑定書有不同的標準，GIA的標準Fancy這個字只能用於天然形成的彩鑽，不能使用於顏色處理的鑽石或人造彩鑽，但是其他鑑定所沒有這項限制，所以有些其他鑑定機構的彩鑽鑑定書也會在人工致色的鑽石鑑定書中出現Fancy這個字，因此並不是鑑定書標有Fancy就是天然彩鑽，要留意鑑定書顏色來源（color origin）註明為天然（Natural），才是天然形成的彩鑽。

鑽石原石設計戒。
Sifen Chang張煦蓁提供

戴比爾斯

　　南非鑽石的故事是從一個農場的小男孩開始，西元1866年一個農場的小男孩無意間發現一顆閃閃發亮的石頭，他的鄰居看見並願出價購買這個石頭，小男孩的母親以為那不過是一般的石頭就隨手送給了他，這個石頭歷經數度轉手被切割成一顆重達21.25克拉的鑽石，後來被命名為Eureka（意思是我找到了），現在被陳列在南非慶伯利（Kimberley）的Open Mine博物館中。這顆鑽石並非南非發現的第一顆鑽石，不過它引起了全世界的注意，頓時南非興起一股鑽石熱潮，想一夕致富的採礦者也自世界各地蜂擁而至。這些採礦者多半來自當時全球最有霸權且最富有的歐洲。我們要提到的是來自英國的羅德（Cecil Rhodes）。

UD diamond
喬喜鑽飾提供

diamond story

歷│史│名│鑽│1—克利蘭

　　西元1905年1月25日在南非普里米亞礦（Premier Mine），監工正在做收工前最後一趟檢查時，一個礦工上氣不接下氣的跑來，帶監工到礦坑盡頭，在那裡的一個小洞中一顆巨大鑽石映著夕陽餘暉散發閃閃動人的光彩，這顆原石重達三千多克拉，是當時最大鑽石Excelsior的三倍多，這顆鑽石以鑽礦主人克利蘭（Thomas Cullinan）的姓氏來命名，成為世界最大的鑽石——克利蘭（Cullinan）。

　　南非政府買下它作為英王愛德華七世的生日賀禮，英國王室找來荷蘭著名的約瑟夫亞斯爾（Joseph Asscher）來切割這個世界最大的鑽石，1908年2月10日下午2點45分亞斯爾爾起特別為這顆鑽石設計的工具將鑽石劈開，這顆鑽石被切割成9顆主要的大鑽、96顆小鑽，及一些未琢磨的小鑽，最大的一顆克利蘭一號被鑲在英國國王的權杖上，第二大的克利蘭二號被鑲在國王的王冠上，目前都還是英國王室中的寶物。

控制產量平衡價格

　　在一股腦的鑽石熱潮中，鑽石的產量供應超過了市場需求，導致鑽石價格下滑，羅德了解唯有讓鑽石的供需達到平衡才能穩定鑽石的價格，第一步就是要先控制產量，首先他開始收購戴比爾斯礦的股權。戴比爾斯礦是南非慶伯利地方兩個最大礦脈之一，在1887年羅德已經掌握所有戴比爾斯採礦公司的礦權，他的下一個目標就是慶伯利中央採礦公司（Kimberly Central）。當時慶伯利公司的大部分礦權在法國人巴那多（Barney Barnato）的手上，羅德與他的財務顧問貝特（Alfred Beit）開始收購慶伯利公司的股權，並企圖說服巴那多讓他們接管慶伯利公司，當

diamond story

歷|史|名|鑽| 2—希望之鑽

歷史上最有名的藍鑽，發出冷艷的藍色火光，映照著曾經持有它的人發生的種種悲劇故事，諷刺的是它的名字叫「希望」。據說持有它的人最後都以悲劇收場，然而無法抗拒的魅力，不斷有人不顧一切後果的擁有它，是什麼樣的力量讓它擁有如此致命的吸引力？

故事的開始在1642年珠寶富商塔威爾尼耶為尋求鑽石來到印度，他發現印度古都中某個神像額頭上一顆湛藍如大海般光彩奪目的藍鑽，他帶著隨從趁著夜色闖入寺廟中取走神像上的鑽石，連夜趕回法國。後來將這顆藍鑽賣給當時國王路易十四，不久塔威爾尼耶在俄羅斯草原遭狼群襲擊而死。

路易十四非常喜歡這顆藍鑽，只戴過一次，後來因天花而病逝；繼位的路易十五將它拿給愛人瓊巴莉夫人佩戴，法國大革命時她被斬首；路易十六與他的王妃瑪麗也相當喜歡這顆鑽石，但歷史上他倆雙雙被送上斷頭台。因為王室的衰落，財產流散，路易王室的故事到此告一段落。

後來它被一個荷蘭珠寶商買去，珠寶商的兒子偷拿了它賣掉，過著揮霍放蕩的生活，後來走投無路自縊而亡，珠寶商知道此事悲憤而死。1830年倫敦的銀行家亨利‧飛利浦‧霍普買下了它，並以自己的姓氏為這顆藍鑽命名，沒想到不多久亨利的兒子先是失去家產，妻子又跟別人跑了。

接下來又有買下它的珠寶商破產，賣它的珠寶中盤商發瘋自殺，俄國皇太子買下它送給愛人蕾碧，當她第一次戴上希望之鑽就被刺殺了，皇太子也在不久後被革命軍所殺。之後藍鑽又經過埃及商人、土耳其王室與希臘寶石商，擁有它的人不是全家罹難就是意外頻傳，到這裡都無一倖免。

數不清的災難屢屢發生在這顆美麗的藍鑽持有者的身上，許多關於它的傳說也開始不脛而走，有人說它被下了詛咒，所以擁有它的人沒一個好下場，也有人說這顆鑽石具有邪惡的魔力，持有它就難逃厄運；相信它好不信它也罷，希望之鑽的美依然蠱惑著世人，最後是美國溫士頓（Henry Winston）買下了它，溫士頓並不是沒聽過希望之鑽的種種歷史淵源，但他相信連續的厄運只是巧合，據說他買下這顆希望之鑽後，有次搭飛機時，同機的旅客聽說溫士頓也在這班飛機上，嚇得寧可改搭別班飛機都不願與他同機。

1958年溫士頓將希望之鑽捐給美國史密斯桑尼博物館，希望之鑽的悲劇總算劃下句點；不過博物館還是不斷收到許多來信表示：「美國有許多的不幸都是來自那顆希望之鑽。」你覺得呢？

DTC鑽石諮詢中心提供

時正值鑽石產量過剩鑽價大跌之際，兩方搶購股權卻讓慶伯利的股價不跌反升。彼此較勁一段時間後，羅德終於獲得近60％的股權而取得慶伯利公司的控制權，並與巴那多達成共識，在1888年3月13日成立了戴比爾斯礦業股份有限公司（De Beers Consolidated Mines, Ltd.），擁有戴比爾斯礦的全部、慶伯利公司四分之三股權及其他南非鑽礦的股權。

中央統售機構

其後戴比爾斯就成了鑽石業的龍頭老大，不僅成功掌控鑽石市場的供需，也是讓鑽石能在寶石市場中鞏固尊貴地位持續不墜的最主要力量。今天我們在市場上買賣的鑽石都是經由戴比爾斯的管理機制而來的，這個掌控鑽石供需的機制叫做中央統售機構（Central Selling Organization，CSO），全球80％以上的鑽石都經此行銷。那剩下不到20％的鑽石呢？這些少數鑽石產地多半因為國家動盪或太窮困，而終止或者不與戴比爾斯簽訂統售合約，例如前蘇聯解體時因為太窮了，所以在1995年與戴比爾斯合約到期時不願再受其掌控鑽石產量，大量出產鑽石導致鑽石價格動盪，數年後獨立國協依然回歸戴比爾斯的統售機制中。

今日的戴比爾斯

戴比爾斯成立於十九世紀末，之後便逐步掌控鑽石礦產，二十世紀初期真正壟斷全球鑽石市場，同時奧本海默家族入主戴比爾斯，控制全球鑽石產業長達一世紀之久，鑽石業從二十世紀九〇年代起面臨許多衝擊，俄羅斯、加拿大、澳洲等重要鑽石產國脫離戴比爾斯的掌控，戴比爾斯擁有的礦區開採權減小，大幅降低

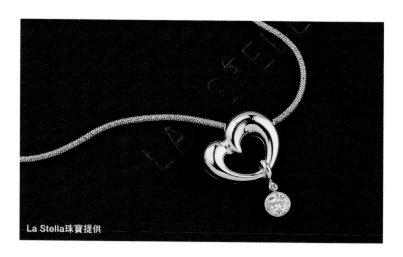

La Stella珠寶提供

戴比爾斯對鑽石業的影響力，此外，血鑽石和金融風暴等事件的重創、人造鑽石的量產與注入首飾業，都影響鑽石珠寶業甚鉅。

2011年11月奧本海默家族將其所擁有全部40%戴比爾斯股權出售給英美資源集團（Anglo American plc），結束奧本海默家族對全球最大鑽石採礦業的掌控權，同年在盧森堡登記成立戴比爾斯投資公司（De Beers Société Anonyme, DBSA)，成為戴比爾斯集團的管理團隊，目前掌握全球40%的鑽石市場，原本的戴比爾斯（De Beers）則當作品牌名稱從事鑽石零售。

全球鑽石切割中心

過去鑽石業不強調產地，多強調車工，因此鑽石出自哪個切割中心舉足輕重，而隨著產地認證逐漸盛行，雖然產地暫時不會大幅影響鑽石價格，但也緩和鑽石銷售針對車工的斤斤計較，不過主要的鑽石切割仍以四大中心為主，全球主要的四大切磨中心：美國的紐約（New York）、比利時的安特衛普（Antwerp）、以色列的特拉維夫（Tel Aviv）與印度的孟買（Bombay），其中紐約與安特衛普以車工精良著稱，尤其是紐約更是以專門切割大克拉數且高品質的鑽石聞名，印度的車工以量大價廉聞名，早期印度的鑽石切割從切磨小鑽起家，由於工資低廉以量取勝。而泰國曼谷、新加坡、中國與一些鑽石產區也有小規模的鑽石切割業。

鑽石的處理

● **裂隙充填**：天然鑽石的裂隙不只影響到鑽石的光澤與淨度，還可能危及鑽石的耐用度，導致破裂的危險，所以在裂隙中填入玻璃等充填物，這種處理方式叫裂隙充填，填入的玻璃物質都經過特殊調製，使其折射率接近鑽石的折射率，否則折射率相差太多會使得裂隙更為明顯，但是有經驗的鑑定師還是能很快鑑定出有經過這種處理的鑽石。

UD diamond
喬喜鑽飾提供

• **輻射處理（Irradiation）**：多半用於彩鑽的處理，輻射處理是永久且不會褪色，但是有少數輻射處理過的鑽石在加熱後會變色，這是商業法規中不容許的處理方式，這種輻射處理過的鑽石除了黑鑽有綠色閃光外，大部分輻射處理的彩鑽普通儀器無法鑑別，需要更精密的儀器分析，所以再次叮嚀買彩鑽記得要買有GIA彩鑽顏色來源鑑定書的！

• **高壓高溫處理（HPHT, High-Pressure & High-Temperature）**：這是近幾年才出現，針對改善鑽石顏色的處理方式，將原本淺褐色的鑽石經高壓高溫的處理過程，使鑽石的顏色等級提高，對鑽石市場帶來不小衝擊，業者擔心這種方式會導致鑽石價格大幅波動，不過經過一段時間的研究後發現，它並不能使鑽石徹底脫色，所以對於鑽石顏色等級並沒有太大影響，而且這種處理會在鑽石的結構中留下線索，從顯微鏡下觀察很難逃過鑑定師的法眼。

• **雷射穿孔（Laser Drilled Hole）與KM處理**：早期的雷射穿孔處理是為了清除鑽石內部明顯的有色內含物，提升鑽石淨度，然而雷射穿孔會留下雷射光束燒灼後的孔洞，很容易被檢測出來，近年來鑽石雷射處理改以較新的KM處理技術，利用雷射光束將接近鑽石表面的明顯內含物加熱產生爆裂，使裂隙延伸至表面，使之看起來像天然裂隙，或者將內部天然裂紋與表面裂隙連接起來，再針對鑽石內含物進行處理，有些鑽石經過雷射處理之後會再進行裂隙充填，消除明顯的裂痕來提升鑽石淨度。

鑽石仿品立方氧化鋯

鑽石的仿品

　　在科技不斷進步下，人工合成的仿鑽品日新月異，而且售價低廉，合成仿鑽品至今種類繁多，在此列出的僅以市面上看得到的仿品為主，再加上最新研發成功的人造鑽石。

米蘭珠寶提供

- **立方氧化鋯（Cubic Zirconia）**：簡稱CZ，俗稱蘇聯鑽，化學成分為Zr_2O_3，硬度8.5，比重5.9，蘇聯鑽價格平實，是大部分飾品最常使用的材質，業界以蘇聯鑽稱呼是因為這種合成品最早是由蘇聯研究人員發明出來的，但目前台灣與中國是蘇聯鑽最大生產國，另外著名品牌施華洛世奇（SWAROVSKI）也生產高品質的立方氧化鋯。

- **水鑽**：市售的水鑽種類相當多，也是仿品價格最便宜的一種，材質主要是玻璃，與水晶玻璃的配方差不多，都是在製作過程中加入鉛或其他元素，提高玻璃的折射率與比重，使其具有閃耀的光彩。

- **摩星鑽（Moissanite）**：目前最接近天然鑽石的仿鑽品，而且導熱性亦佳，若用鑽石探針測試一樣會有真鑽的反應。摩星鑽的成分為碳化矽（SiC），比重3.20，與鑽石比重3.52非常接近，可用二碘甲烷比重液區別，鑽石在比重液中會下沉，摩星石則不會，而且摩星石是雙折射寶石，鑽石是單折射。摩星石的硬度9.5，與鑽石非常接近，切割後的光澤可媲美鑽石，不過目前售價比蘇聯鑽高出許多。

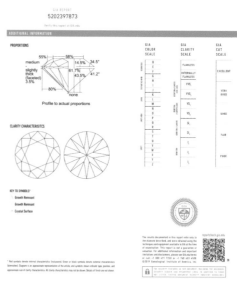

GIA人造鑽石鑑定書的框線為銀色（圖片來源／GIA網路）

• 人造鑽石（Laboratory Grown Diamond）：實驗室合成的人造鑽石從早期混雜於配鑽的小鑽之中，到現在數克拉、高品質的人造鑽石已經可以量化生產，人造鑽石進入市場早已不是新聞，坊間甚至有人造鑽石刻上GIA證號雷射腰圍冒充真鑽的案例出現，一度引發市場恐慌，不過人造鑽石與天然鑽石還是能夠鑑定出來，而且市場上也有一些簡便的儀器方便辨識，無需太過擔心。

人造鑽石的製造主要有兩種方式：一種是高壓高溫法（HPHT），另一種是化學蒸氣沉澱法（CVD）。由這兩種方式合成的人造鑽石結晶各有不同特徵，但經過切磨拋光後與天然鑽石外型幾乎肉眼難辨，因此需要鑑定室以儀器鑑定，GIA也提供人造鑽石的鑑定服務，GIA人造鑽石鑑定書為銀色框線，與金色框線的天然鑽石鑑定書有明顯區隔，此外人造鑽石使用顏色和淨度的描述性術語與天然鑽石也不同，例如「Colorless無色」和「Very Slightly Included輕微內含物」，有別於天然鑽石的顏色等級D、E、F，淨度VS1、VS2。在附註Comment部分，人造鑽石必定標示聲明：這是一種由CVD或HPHT生長工藝生產的人造鑽石，可能包括改變顏色的生長後處理。

人造鑽石刻上GIA證號雷射腰圍冒充真鑽，圖中可見仿製的雷射字體粗糙，不若真正GIA雷射編號細緻。

根據美國聯邦貿易委員會（FTC）珠寶更新條款，GIA鑑定報告不再使用「合成鑽石Synthetic Diamond」一詞，人造鑽石改以Laboratory Grown Diamond稱之，近幾年在人造鑽石業者的行銷下，會用培育鑽石Cultured Diamond、未來鑽石Future Diamond等字眼，但其實都是人造鑽石。

如何看懂鑽石鑑定書

買鑽石，鑑定書很重要，由國際知名的鑑定所開立的鑑定書較能獲得全球的認同，國際上GIA、HRD、AGS……這些機構的鑑定書不僅是公認最具有公信力的，市場流通性也最佳，尤其GIA本身是鑽石分級系統的制定者，GIA的鑽石鑑定書更是經常為國際知名拍賣公司蘇富比（Sotheby's）與佳士得（Christie）等所採用，因此國際市場的認同度比起其他鑑定書更高，我們就以GIA鑑定書為範本解說鑑定書內容。

目前使用的新版GIA鑽石鑑定書，以橫列方式，分三個部分編排，最左邊部分是鑑定的結果，最右部分為淨度、顏色與車工三項等級尺規，中間的部分則是車工比例圖與淨度標示繪圖。

最左部分為鑑定結果，第一欄是有關鑽石的基本資料，內容依序如下：

❶ 日期（Date）：鑑定書開立的日期。

❷ GIA鑑定書編號（GIA Report Number）：2000年之後發行的GIA鑑定書都可以根據此編號上GIA report check網站驗證。

❸ 鑽石切割形式（Shape & Cutting Style）：鑽石的切割型式，除了圓明亮型車工（Round Brilliant）以外，其餘型式皆為花式車工。

❹ 測量（Measurements）：此列數據代表鑽石直徑與高度的實際測量值，圓形鑽石的測量數據表示方式為「最小直徑－最大直徑×高度」，如果是花式切割則為「長×寬×高度」。

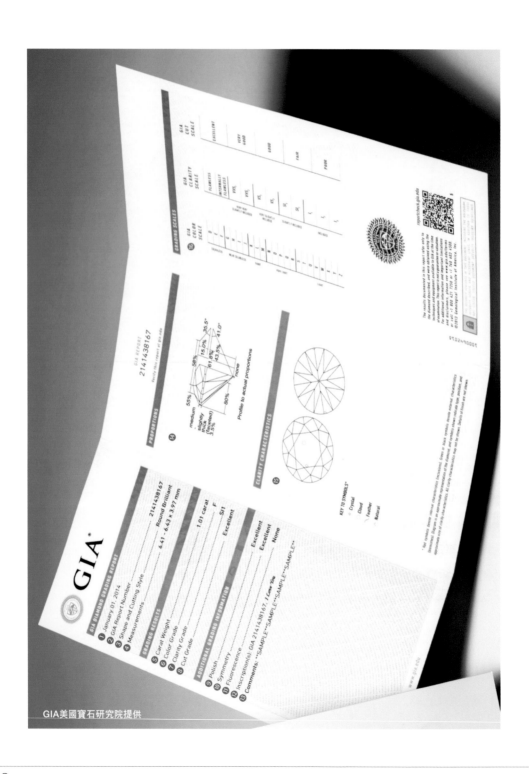

GIA美國寶石研究院提供

第二欄GRADING RESULTS- GIA 4CS是GIA 4C分級的結果報告。

❺ 克拉重（Carat Weight）：鑽石的重量以克拉為單位。

❻ 顏色分級（Color Grade）：鑽石的顏色等級。

❼ 淨度分級（ Clarity Grade）：鑽石淨度等級的鑑定結果。

❽ 車工分級（Cut Grade）：鑽石的車工等級，車工分級有極優良（Excellent）、很好（Very Good）、佳（Good）、尚可（Fair）、不佳（Poor）等五個等級。

第三欄ADDITIONAL GRADING INFORMATION是鑽石的其他資訊。

❾ 拋光（Polish）：鑽石拋光的優劣，以Excellent、Very Good、Good、Fair、Poor來評斷鑽石表面拋光等級。

❿ 對稱性（Symmetry）：鑽石切割對稱性的好壞等級評估，以Excellent、Very Good、Good、Fair、Poor表示優劣。

⓫ 螢光反應（Fluorescence）：鑽石在長波紫外光的照射下呈現的螢光反應強度與顏色。螢光強度分成四級，無（None）、弱（Weak）、中度（Medium）、強（Strong）。

⓬ 腰圍雷射（Inscriptions）：除了鑽石鑑定書編號之外，鑴刻在鑽石腰圍上的品牌名稱，或者自行附加的私人留言等。

⓭ 附註（Comments）：補註其他相關的鑽石特徵或附註內容。

⓮ 鑽石車工比例剖面圖示（Profile to actual proportions）：顯示比例與角度等所有實際數據比例值。

⓯ 鑽石圖解（REFERENCE DIAGRAMS）：將鑽石的各種特徵在圖上用符號標示出來，底下有符號的註解（Key to Symbols）表示圖上的符號所代表的淨度特徵。

⓰ 顏色、淨度與車工等級比例尺規（GIA COLOR SCALE, CLARITY SCALE, CUT SCALE）：顯示鑽石的淨度與顏色在GIA等級中的相關位置。

**UD diamond
喬喜鑽飾提供**

GIA鑽石產地證明鑑定書

　　2019年GIA首先推出鑽石產地認證服務，原本鑽石鑑定書內容為鑽石的天然合成、4C等級與是否處理等，目前增加了鑽石產地來源證明的鑑定服務，但需符合GIA產地來源證明的規範，鑽石原胚必須直接送至出產國當地的GIA原石檢測鑑定單位確認產地，若是產地國家無GIA原石檢測實驗室，鑽石原胚則必須檢附Kimberley Process（KP）證書並寄送，還有採礦公司的原石相關資料。

　　2020年GIA比照鑽石產地來源鑑定書模式，將產地來源鑑定服務延伸至彩色寶石，彩色寶石的產地來源鑑定書與以前的產地鑑別大不相同，彩色寶石產地證明與鑽石產地證明一樣，必須先檢測原石確認產地，切割成寶石再送回，開立完整的產地來源鑑定書，也就是已脫離原產地或已切磨的寶石就無法開立產地來源證明書了，從礦區開採出來的原石就掌握第一手產地鑑定的先機，解決不同鑑定機構鑑別出不同產地的爭議問題。

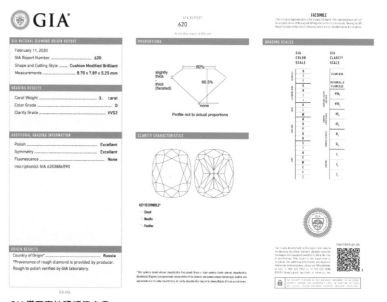

GIA鑽石產地證明鑑定書

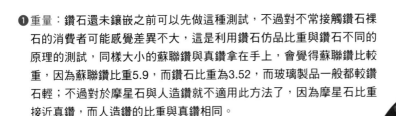

Tips ▸▸ 選購 鑽石 小祕訣

❶ 重量：鑽石還未鑲嵌之前可以先做這種測試，不過對不常接觸鑽石裸石的消費者可能感覺差異不大，這是利用鑽石仿品比重與鑽石不同的原理的測試，同樣大小的蘇聯鑽與真鑽拿在手上，會覺得蘇聯鑽比較重，因為蘇聯鑽比重5.9，而鑽石比重為3.52，而玻璃製品一般都較鑽石輕；不過對於摩星石與人造鑽就不適用此方法了，因為摩星石比重接近真鑽，而人造鑽的比重與真鑽相同。

❷ 親油性：鑽石親油性強，用指腹推鑽石的桌面會覺得澀澀的，因為手上的油脂與鑽石的親油性會增加摩擦力之故，但如果是玻璃或其他仿鑽品感覺平滑，無摩擦力。

❸ 克拉數：購買鑽石如果考慮的是保值性，最好是選擇有GIA或HRD鑑定書的鑽石，而且克拉數愈大愈有保值性，通常1克拉以下的鑽石較不具保值功能。

❹ 滿整克拉或半克拉：鑽石價格在滿整克拉或半克拉時，有大幅的躍升，例如同等級0.99克拉與1.00克拉的單位售價相差很多，但看起來卻沒有太大差別，所以買鑽石的時候不妨挑略小一點的鑽石，可省下不少錢，不過筆者個人不太主張這樣的採購法，因為這種克拉數的鑽石在市場上並不多見，較無保值性可言，而且市場上1克拉以下的鑽石價格波動較大。

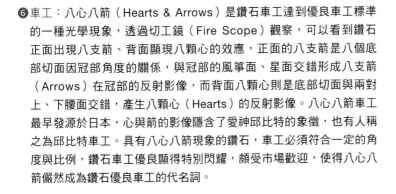

邱比特車工的八心八箭效果。DTC鑽石諮詢中心提供

❺ 淨度：在購買鑽石的時候先評估預算，在淨度方面只要肉眼看不到內含物的等級即可，建議等級為VS或SI之間、顏色只要在G、H、I的範圍就足夠鑲在白金上，可以省下不少預算；重要的是車工，車工等級至少要在「好」以上，才能讓鑽石閃耀最美的光芒。

❻ 車工：八心八箭（Hearts & Arrows）是鑽石車工達到優良車工標準的一種光學現象，透過切工鏡（Fire Scope）觀察，可以看到鑽石正面出現八支箭、背面顯現八顆心的效應，正面的八支箭是八個底部切面因冠部角度的關係，與冠部的風箏面、星面交錯形成八支箭（Arrows）在冠部的反射影像，而背面八顆心則是底部切面與兩對上、下腰面交錯，產生八顆心（Hearts）的反射影像。八心八箭車工最早發源於日本，心與箭的影像隱含了愛神邱比特的象徵，也有人稱之為邱比特車工。具有八心八箭現象的鑽石，車工必須符合一定的角度與比例，鑽石車工優良顯得特別閃耀，頗受市場歡迎，使得八心八箭儼然成為鑽石優良車工的代名詞。

剛玉 | 有色寶石的天王巨星 |
CORUNDUM

剛玉是寶石世界中硬度僅次於鑽石的一類，在寶石市場上不論是銷售量或價格，能與鑽石平分秋色的非剛玉莫屬了。因此剛玉可以說是有色寶石的天王，與生俱來的巨星架勢讓剛玉在寶石世界的舞台上永遠是最耀眼的明星，也是珠寶愛好者首飾盒中永遠少不了的必備行頭。寶石世界中最活躍的紅寶石與藍寶石，加上許多其他顏色剛玉所建構出璀璨多彩的剛玉家族，在珠寶市場上一直是銷售極佳的主力商品。

corundum profile

剛玉小檔案

折射率	1.762～1.770（雙折射）
雙折射率差	0.008
色散率	0.018
比重	4.00
硬度	9
化學式	Al_2O_3
結晶型式	六方晶系 Hexagonal

剛玉的名稱

剛玉有很多種顏色，其中紅色的剛玉就是紅寶石（Ruby），是有色寶石中價格最高的，所以被推崇為「寶石之王」；藍色剛玉就是我們所熟知的藍寶石（Sapphire），其他顏色的剛玉還有粉紅色、紫色、黃色、橘色、綠色等等。

所有的剛玉除了紅色與藍色以外，英文名稱都是以其顏色的英文再加上Sapphire來稱呼。黃色的剛玉為Yellow Sapphire，橘色剛玉稱為Orange Sapphire，但在中文的名稱上，黃色與橘色的剛玉都被稱為黃寶石；紫色剛玉英文為Purple Sapphire或Violet Sapphire；綠色剛玉則稱為Green Sapphire；粉紅色剛玉並不屬於紅寶石，所以不能稱之為Ruby，而稱為Pink Sapphire；另外還有一種罕見的剛玉，以錫蘭語命名為Padparadschah，是非常亮麗的粉橘色，產量不多價格也很高。

金匠珠寶
提供

剛玉的特性

剛玉是化學成分為三氧化二鋁（Al_2O_3）的礦物，英文名稱Corundum源自於一個古老的印度文Corund，原本是一

紅、藍寶石別針。米蘭珠寶提供

質色皆佳的紅寶石耳環。和記珠寶提供

種不知名的礦物名稱，現在Corundum則是寶石學與礦物學上剛玉的名稱。剛玉的折射率1.762～1.770，雙折射率差為0.008，比重4.00，硬度9，僅次於最高的鑽石，是有色寶石中硬度最高的，非寶石級的剛玉也被用來作為工業上研磨或拋光的材料。

各種不同顏色的剛玉是因為含有不同的微量元素而致色，因此剛玉類的寶石特性皆相同，卻能展現風味不同的色澤，不同顏色的剛玉價格也因此有極大的差異。紅寶石因含有鉻（Cr, chromium）元素而致色，是所有剛玉類寶石中價格最高的，因為紅寶石的產量很少，與藍寶石相較，產量只有藍寶石的1/5；而且紅寶石的結晶通常很小，大於5克拉以上的紅寶不多，超過10克拉的更是稀有，這就是紅寶石價格昂貴的原因。藍寶石是因含有鐵（Fe, iron）和鈦（Ti, titanium）元素，紫色剛玉因含有釩（V, vanadium）而致色，而黃色與綠色的剛玉則含有少量的鐵。

特殊現象的剛玉

- **星光現象（Asterism）**：在蛋面切割的剛玉上有六道放射形的星線，通常出現在紅寶石、藍寶石與黑色剛玉上，像星星般的光芒閃耀在寶石上，非常吸引人。這是因為剛玉屬六方晶系，寶石中的針狀內含物依照六個結晶的方向排列所形成的；星光寶石六道光芒的交會點要在正中央、星線明顯而靈活是最好的，品質佳的星光紅、藍寶石與剛玉價值連城，許多著名的紅寶石都是星光紅寶石。

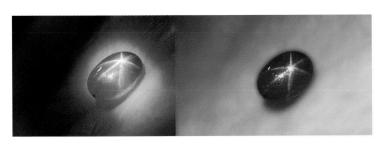

同時具有星光與變色現象的變色星光藍寶石。Blitz提供

• **變色現象**（Color-Change）：在黃光與白光兩種不同光源會呈現不同色彩的剛玉，一般多為藍、紫兩種顏色的變色現象，另一種是紅、綠變色現象，但極為罕見。變色現象的剛玉產量不多相當稀有。

點燃熾烈熱情的紅寶石

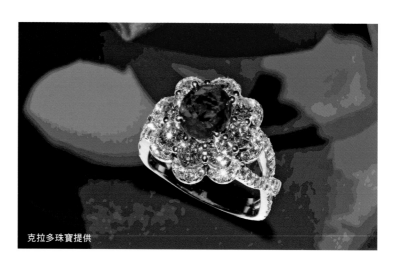

米蘭珠寶提供

火紅潋灩的色澤讓人情不自禁湧起一股澎湃的熱情，紅寶石迷人的魅力使它成為珠寶市場上不可或缺的重要角色，它的美不是含蓄溫婉的柔媚，而是有如狂風暴雨般，讓人瞬間被儡住了魂魄；似乎每個女人都夢想能擁有一顆象徵愛情烈焰的紅寶石，也許女人更希望的是自己的愛情能像紅寶石一樣，燃燒著永不止息的熾烈熱情吧！

紅寶石是七月份的生日石，也是西洋占星術中火星的代表石，火星在星象學中掌管的是一個人的行動力，紅寶石積極與熱情的象徵意義對人的行動力有加分作用。人類古文明的歷史中很早就有紅寶石的蹤跡，古希臘文明的皇室寶物中就有不少鑲嵌著紅寶石的珠寶首飾，證明了它自古以來尊貴的地位。

克拉多珠寶提供

紅寶石名稱的由來

　　紅寶石英文Ruby，源自於拉丁文Rubeus，即紅色的意思。紅寶石是在西元1800年左右才被礦物學家證明它與藍寶石都是屬於剛玉類的寶石。在此之前，紅寶石與尖晶石（Spinel）、石榴石（Garnet）等紅色寶石都被稱為Ruby。

紅寶石裸石。
門泰珠寶鑑定中心提供

紅寶石的傳說

　　人類歷史與紅寶石有非常長久的關係，紅寶石像血一樣的紅色也被賦予諸多傳說，中世紀的人認為將紅寶石磨成粉和入水中，可以當止血劑；而患有熱症或發炎的人，用紅寶石放在額頭或發炎的部位摩擦有治療的功效。

　　緬甸自古有一則傳說，龍生下三顆蛋，第一顆蛋孵出異教徒之王，第二顆蛋孵出中國的皇帝，第三顆蛋孵出的就是紅寶石，他們認為這是神賜給他們的禮物，不屬於人間的天地精華。從前的緬甸紅寶石都屬於國王所有，如果有人發現紅寶石卻想占為己有，據說會被挖去雙眼，關在永不見天日的地牢裡終其一生；如果發現上好的紅寶石，國王的使者會騎著大象出現，將紅寶石恭送回宮中。

　　古印度人則認為紅寶石能澄淨血液，如果被毒蛇咬了或發高燒，可以用紅寶石讓血液恢復乾淨，具有治療的功效。古埃及人相信紅寶石可以提高熱情、增添美艷、使佩戴的人有優雅的舉止與氣質。而古代的波斯人認為紅寶石可以防止邪念產生、抑制瘋狂行為。

　　據說紅寶石能為人帶來幸福，但若有損傷或色澤褪色，卻會帶來不幸。傳說英國國王亨利八世第一任皇后凱薩琳所擁有的一顆紅寶石戒指，有一天突然褪色了，不久亨利八世就與凱薩琳離婚，娶了女侍安布琳為妻，後來更因此引發一場宗教戰爭。

星光紅寶石耳環

鴿血紅與緬甸紅寶

顏色最好的紅寶石稱為「鴿血紅」（Pigeon's blood），在純淨的紅色中帶有一絲絲若有似無的藍。真正能被稱得上是鴿血紅的紅寶石產量不多且身價不菲，多半產於緬甸，切割後的光澤可媲美鑽石閃耀的光彩。市面上銷售的紅寶石許多都打著「緬甸紅寶」的名號，但其實並非都是真正緬甸所產，不過因高品質的紅寶石多半產於緬甸，因此珠寶業界將品質較佳的紅寶都稱為「緬甸紅寶」。

羅瑟瑞夫紅寶石

西元1965年羅瑟瑞夫（Rosser Reeves）捐給美國史密斯桑尼博物館一顆重達138.7克拉的紅寶星石，成為博物館的珍藏，這顆紅寶星石產於斯里蘭卡，是世界上最大的紅寶石之一，以其明顯的星光現象著稱於世。據羅瑟瑞夫本人表示，他是在1950年代於土耳其伊斯坦堡一場拍賣會上買到這顆美麗的紅寶石。但事實上，羅瑟瑞夫是從一個名叫尼爾森（Robert Nelson）的掮客手上買到的，而尼爾森是替一位紐約人賣出它。這位紐約人的父親費雪（Paul Fisher）在1953年倫敦拍賣會上標得這顆紅寶石，原本重量超過140克拉，但因寶石表面有嚴重的刮痕，在重新拋磨時損失了數克拉的重量，1953年紐約刊物 *New York World-Telegram and the Sun* 曾大幅報導這顆在拍賣會上出盡鋒頭的紅寶星石。

corundum story

紅│寶│石│的│產│地

最主要的產地是緬甸，尤其是緬甸北部莫谷（Magok）一帶，出產的紅寶石品質好顏色又佳。其他主要的產地在泰國、斯里蘭卡、印度與坦尚尼亞；較次要的紅寶石產地有阿富汗、澳洲昆士蘭、巴西、高棉、越南、馬達加斯加、巴基斯坦與美國的蒙大拿州與北卡羅萊納州。

人造紅寶石與類似紅寶石的寶石

合成的紅寶石仿品主要是以火熔法和助熔法製作出來的，兩者製作出來的合成品與天然紅寶石成分相同，寶石特性也一樣，但合成紅寶石與天然紅寶價格差異卻很大。

以火熔法製成的合成紅寶價格非常低，用在飾品及手錶上的裝飾很多，要仔細用放大鏡觀察是否有合成晶體的彎曲條紋（Curved striae）或氣泡（gas bubbles）來辨別；助熔法合成的紅寶石製作成本較高，價格較火熔法紅寶石高，判別也較為困難，要仔細觀察紅寶石內含物是否有扭曲的面紗狀內含物（Wispy-veil），這種面紗內含物近似天然的指紋狀物（Finger prints），易造成混淆，有些助熔法紅寶石可以在內含物中找到助熔劑的殘留，這些鑑別並非未經訓練的消費者可以憑經驗鑑定出來的，所以還是建議購買經專業鑑定師鑑定過的紅寶石較保險，尤其是買高價位紅寶石時。

天然的紅色尖晶石、紅色碧璽（Tourmaline）與紅色石榴石與紅寶石的外觀也很接近，不過這些寶石都可以用折射率、比重與寶石內含物判別出來，鑑定師與熟悉寶石的消費者也可以從寶石特殊的色調區別出來。

Tips ▸▸ 選購│紅寶石│小祕訣

❶ 切磨形式：紅寶石常見的切磨形式是橢圓形的刻面寶石與蛋面，品質佳的紅寶石都以切割成刻面寶石為最佳考量，淨度稍差的紅寶石則切割成蛋面，淨度色澤皆差的才成為雕刻的材料。

❷ 淨度：天然紅寶石一般淨度較差，也比其他顏色的剛玉差一點，但這並不是說天然紅寶石沒有淨度很高的，而是淨度很高內含物很少的天然紅寶很稀少，價格相當高，因此如果碰到淨度很高的紅寶石要非常小心，最好還是選擇附有具公信力的鑑定所開立之鑑定書的紅寶石為宜。

❸ 顏色：紅寶石雖然價位較高，但還是建議消費者在購買時盡量選擇1克拉以上的紅寶石，挑選時首重紅寶石的顏色，真正鴿血紅的紅寶石並不多，以越接近正紅色越佳，偏紫或偏棕的色調價格差異很大，再來是紅寶石的淨度透明度越高越好，接著檢視寶石的切割，寶石底部不可歪斜，冠部的桌面要居中且旁邊的刻面分布均勻才是好的切工，顏色佳、光澤好的紅寶石才能散發出美麗的光彩。

沉靜如大海的藍寶石

深邃而沉靜的湛藍色，有如大海般在平靜的表面下蘊藏著洶湧的萬丈狂瀾，就像是在職場上叱吒風雲的人物，冷靜的外表下包裹的是一顆強烈的企圖心，藍寶石象徵著冷靜的思考力與洗鍊的智慧，許多縱橫職場的男士特別喜歡佩戴藍寶石；而歷史上鍾愛藍寶石的名女人也不少，溫沙公爵夫人與英國戴安娜王妃都是最好的例子，她們高雅的氣質一直留在世人的心目中。

藍寶石是九月份的生日石，西洋占星術也以藍寶石代表水星，星象學中水星掌管的是人的思考溝通能力，影響到一個人的表達能力與決斷力，藍寶石冷靜與智慧的形象正是這些能力所需要的。

藍寶石的藍色主要是因為含有鐵與鈦元素而致色。最上等的藍寶石顏色是純淨的藍色調中帶著一抹淡淡的紫，這種顏色稱為「矢車菊藍」（Cornflower Blue），矢車菊是一種花的名字，外型近似我們所熟知的太陽花，花瓣是美麗的紫藍色。在西元1880

美麗的矢車菊藍寶石，典型的喀什米爾藍寶石現在已經相當罕見。

年到1979年間印度北邊喀什米爾（Kashmir）地區是矢車菊藍寶的主要產地，目前因為政治與環境因素影響，雖仍有小規模的開採，但市場上喀什米爾的藍寶石卻已不多見了。

藍寶石名稱的由來

藍寶石Sapphire的名稱起源於希臘文「藍色」的意思，從遠古時代到中世紀時期Sapphire指的是現在我們所稱的青金石（Lapis Lazuli），大約在西元1800年左右，藍寶石與紅寶石才被證實都是剛玉寶石。除了紅寶石以外其他顏色的剛玉英文名稱也用Sapphire這個字，但Sapphire指的是藍色的藍寶石，其他顏色的剛玉都要在Sapphire之前加上顏色的稱呼。

藍寶石的傳說

中古世紀歐洲的貴族以藍寶石作為愛情的見證，據說收到藍寶石的人如果不貞，藍寶石會變色，於是男士們將藍寶石送給自己的情人，以測試愛人是否變心，女士們也以佩戴藍寶石來彰顯自己對丈夫的忠誠，形成以藍寶當作愛情信物的風俗。據說將藍寶石佩戴在胸前也可以促使戀愛中的情侶步入禮堂。

古人相信將藍寶石磨成粉服用可以治療感冒和憂鬱症，而且藍寶石可以剋毒，將毒蜘蛛與上等藍寶石一起放入箱子中，毒蜘蛛會翻身而亡。

聖愛德華藍寶石

根據記載，聖愛德華藍寶石（St. Edward's Sapphire）原本鑲在英王愛德華加冕典禮（西元1042年）的戒指上，這顆藍寶石不僅因色澤亮麗而聞名，更傳奇的是隱藏在這顆寶石背後的故事。

有天早晨愛德華在西敏（Westminster）附近碰到一個乞丐，由

於愛德華在碰到這個乞丐前已經用盡身上的錢，愛德華便將手上的戒指給了這個乞丐。一段時間後，兩個年輕的朝聖者在敘利亞遭遇到暴風雨，突然間在他們面前的路徑出現一道亮光，一個手持蠟燭的老人出現並引導他們向前走，在知道這兩位年輕人來自英國，而愛德華是他們的國王後，老者為他們安排了食宿；第二天早上兩位年輕人準備告辭，老者告訴他們他名叫約翰，是傳福音的人，接著拿出一個戒指要他們轉交愛德華，並請他們傳達訊息，六個月後他與愛德華將在天堂相見。

兩個年輕人回到英國後把戒指與老者的訊息傳遞給愛德華國王，愛德華馬上認出那個戒指正是當初自己拿給乞丐的，了解自己的大限即將來臨，便著手籌備自己的喪禮，六個月後愛德華戴著那個戒指葬於西敏。十二世紀時愛德華的墓塚被挖開，由當時的統治者繼續擁有這顆聖愛德華藍寶石。

人造藍寶石與類似藍寶石的寶石

人造的合成藍寶石與紅寶石一樣，是用火熔法與助熔法製成的，檢驗的方法與紅寶石相同。

天然的董青石（Iolite）、藍色尖晶石（Blue Spinel）、丹泉石（Tanzanite）與藍寶石色澤接近，一般董青石與丹泉石色調明顯偏紫很

容易區分，尖晶石為單折射寶石，而且這些寶石比重不同，寶石鑑定師與熟悉寶石的消費者可以很快區別出彼此的差異。

Tips ▶▶ 選購 │ 藍寶石 │ 小祕訣

❶ 切割形式：橢圓形的刻面切割是藍寶石最常見的切割形式，淨度稍差的則切割成蛋面。

❷ 色澤與明亮度：藍寶石的挑選以接近正藍色為佳，除了色澤要美以外，還要注意顏色的明亮度，太暗的藍寶石看起來顏色帶灰色甚至帶黑色都不佳，挑選藍寶石最好用白色光源，例如家中的日光燈，如果能在太陽光底下更好，因為黃色光源如珠寶店中的珠寶燈會使藍寶的顏色稍有偏差，不小心會挑到顏色太淺或色澤偏暗的藍寶石。

克拉多珠寶提供

以蓮花為名的Padparadcha剛玉，色澤豔麗，就像煙火般燦爛。黎龍興珠寶專賣店提供

多彩多姿的彩色剛玉

除了紅寶石與藍寶石以外，其他顏色的剛玉都屬彩色剛玉，彩色剛玉的名稱很亂，最早只有藍寶石被稱為Sapphire，其他顏色的剛玉都被冠以特殊的商業名稱，如綠色剛玉被名為東方祖母綠（Oriental Emerald）、黃色剛玉稱為東方拓帕石（Oriental Topaz），引起不少消費者的誤解。現代的寶石學規定，除了紅寶石外的剛玉都以Sapphire稱呼，而Sapphire這個字指的是藍色的藍寶石，其他的彩色剛玉都必須在Sapphire之前加上顏色名稱，使得剛玉寶石的英文名稱一致。

但在中文稱呼上就有不同的說法，有些人依照Sapphire的名稱翻譯成藍寶石，例如黃色剛玉Yellow Sapphire翻譯成黃色藍寶石，不過有時反而讓消費者弄不清楚到底是藍寶石還是黃寶石，而且珠寶業界所指的黃寶石指的是黃色至橘色的剛玉寶石，在此筆者採用業界所稱

corundum story
彩｜色｜剛｜玉｜的｜產｜地

許多彩色剛玉產在非洲國家，斯里蘭卡出產著名的Padparadscha剛玉外，還有各色剛玉，其他的產區尚有馬達加斯加、澳洲、巴西、緬甸、泰國、高棉與印度。

的黃寶石來稱呼黃色與橘色剛玉，其他顏色如粉紅色、紫色、綠色等仍以剛玉稱呼。

有一種獨特的粉橘色剛玉以錫蘭語命名為Padparadscha，意思是蓮花，是斯里蘭卡特殊的剛玉種類，色澤鮮明亮麗非常特別，價格也比其他彩色剛玉高。一位斯里蘭卡寶石商朋友形容Padparadscha就像是煙火爆開瞬間時的橘色火焰，非常閃亮動人，只要看一眼就離不開。

顏色鮮艷的高品質粉紅剛玉。式雅珠寶提供

剛玉的處理與仿品

● **傳統熱處理（Heat Treatment）**：寶石經過加熱，將內部細小雜質與內含物融化，可以提升淨度，並讓顏色更亮眼，未添加任何其他物質的單純加熱處理，是傳統的加熱處理，這種加熱是可以被接受的優化處理，原本在市場上不需要特別聲明，不過在目前崇尚無燒的觀念下，業者將這種傳統加熱稱為一度燒，有別於後面提到的擴散處理、鈹擴散等新的加熱處理方式。

● **裂隙充填處理（Fracture-filled Treatment）**：經常用於填補紅寶石內含的裂痕，以提高淨度的處理方式，充填的物質有硼砂、人造玻璃等材質，早期玻璃充填處理多半使用高折射率的含鉛玻璃充填，但鉛玻璃容易讓紅寶石出現藍色閃光，現在除了鉛玻璃充填外，有使用含鈷玻璃充填減低藍色閃光，使得裂隙充填更不容易檢測出來，因此需要格外小心。

● **擴散處理（Diffusion Treatment）**：俗稱的二度燒，這種處理最先使用在藍寶石，現在也可以用來處理紅寶石。二度燒是將原本無色的剛玉置入含有致色元素的化學原料中，再以高溫加熱使致色元素滲透寶石表面，使無色剛玉變成紅寶石或藍寶石，但擴散處

corundum story

近 似 彩 色 剛 玉 的 寶 石

目前市場上並未有合成的彩色剛玉出現，不過因為顏色相近而易與彩色剛玉混淆的寶石不少，像黃水晶就與黃寶石非常接近，兩者價格又差異很大，此外還有綠色碧璽與綠色剛玉、粉紅碧璽與粉紅剛玉、金黃色綠柱石與黃色剛玉、橘色石榴石與橘色剛玉等等，有時只以顏色無法判別，必須藉著寶石儀器的鑑定才能區分，不過各個寶石的特性不同，一般的店家與鑑定師都可以分別出來，消費者不必太過憂慮買錯寶石。

米蘭珠寶提供

的顏色只達寶石表面無法深入寶石內部，只有靠近寶石表面淺淺的一層，所以二度燒的寶石不能重新切磨或拋光，否則會失去處理後的顏色。簡單的說，擴散處理就是一種染色的處理方式，將原本沒有的顏色經過致色的加熱過程使之帶有顏色。藍寶石的二度燒是加入含有鐵與鈦致色元素的化學粉末一起加熱，而二度燒紅寶石則是加入含有鉻的化學原料，因為鉻元素的體積較大，所以擴散處理的紅寶石表面較不平整，而擴散處理的藍寶石較不會有表面不平整現象，因為鐵和鈦元素不像鉻元素體積那麼大。另外擴散處理的顏色會集中在寶石刻面稜線上，可以用放大鏡觀察紅藍寶石的表面來檢測，或者將紅藍寶石浸入二碘甲烷的比重液中，也可以看到二度燒的寶石稜線明顯與天然寶石不同。

● **鈹擴散處理**（Beryllium Diffusion Treatment）：鈹擴散處理剛玉在西元2001年就已經出現於市面上，這種擴散處理之後的顏色不像舊式二度燒的擴散處理，顏色僅在表面，其顏色深入寶石內部，因此比起傳統二度燒較難鑑別。最早鈹擴散處理可製作出濃粉橘色的Padparadscha剛玉，當時未公開告知及未被檢測出，曾引發寶石市場一片譁然，消費者也人心惶惶。經研究分析後發現這種處理是加入金綠玉（Chrysoberyl）與剛玉一起加熱，金綠玉所含的鈹（Be）元素使剛玉改變顏色，呈現美艷的Padparadscha粉橘色或是明亮的艷紅色紅寶石，近年來寶石市場上更出現以高溫持續加熱的鈹擴散處理剛玉，鈹擴散處理廣泛運用於各種顏色剛玉，這種處理剛玉的方式非常難檢測，因為化學元素鈹已完全滲入寶石之中，鈹元素的含量由內部向表面逐漸增

corundum story

無 | 燒 | 寶 | 石 | 比 | 較 | 好 | 嗎 ？

近年來無燒的風氣席捲寶石業，隨著拍賣會上無燒寶石價格屢屢創新高，無燒儼然成為購買寶石的先決條件，在市場趨勢推波助瀾下，許多人陷入無燒寶石比較好、價值較高的無燒迷思，甚至有人堅持非無燒寶石不買。寶石可以不燒當然就盡量維持無燒，但堅持無燒這種現象卻導致品相不佳的寶石充斥市場，其實有燒、無燒並非評定寶石品質與價值的關鍵因素，必須是質色俱佳的無燒寶石才算是高品質寶石。

其實，寶石的處理並非全然都不好，有些寶石確實有處理的必要，只要不添加外來的物質，傳統加熱是可以接受的優化方式，況且任何優化處理也都有風險，若是寶石價值太低、或者處理也起不了作用的話，業者也不會冒著風險去處理它，所以盲目追求無燒寶石，可能買到不值得處理的低價貨喔。

高，也就是說越接近寶石表面鈹的濃度越高，雖然檢測較為困難，但是透過先進的寶石分析儀器還是能夠檢測出來，以現代進步的鑑定科技，消費者不用過度恐慌。

彩色剛玉。名威珠寶提供

• **新燒法（裂隙充填＋擴散處理）**：現在處理技術越來越發達，許多寶石已經不像過去單一的處理方式，而是經過多道工序的多重處理，在剛玉當中，業界對這種新的多重處理方式稱之為新燒法，指的就是結合裂隙充填與鈹擴散處理的方式處理紅寶石。

• **夾層紅寶石與藍寶石（Assembled Ruby & Sapphire）**：上端是一層透明的天然剛玉，底下的亭部是合成的紅寶石或藍寶石，從寶石上方觀察可以看到天然的內含物，讓人誤以為是天然紅寶石或藍寶石，其實大部分是合成的，嚴格說來夾層的紅藍寶石應該算是人造的寶石。從寶石的側面觀察可以看到上下兩部分黏起來的接線，用放大鏡仔細觀察也可以發現寶石同時有天然與合成的內含物。

Tips ▸▸ 選購 ｜彩色剛玉｜小祕訣

❶ 各種顏色剛玉的風格不同，刻面的切割形式有很多種，切割成蛋面形的彩色剛玉也很多，設計成獨特的珠寶款式更能彰顯個人與眾不同的氣質。

❷ 在此要特別聲明一點，橘色剛玉並不是Padparadscha，這兩者的價格有很大差異，橘色剛玉應該算是黃寶石的一種，與Padparadscha是不一樣的，少數業者將顏色濃艷的橘色黃寶石當成Padparadscha銷售，因為兩者都屬於橘色調，消費者要注意Padparadscha的顏色是帶有粉紅色的橘粉紅色，而不是橘黃或橘棕色，真正的Padparadscha很少，所以價錢比黃寶石高。

❸ 彩色剛玉的價格一般不像紅寶石或藍寶石那麼高，所以可以選稍微大一點的寶石。

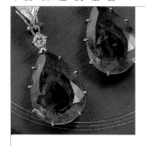

綠柱石 |因祖母綠而聲名大噪|

BERYL

有些消費者可能不熟悉綠柱石，但如果說起祖母綠就是綠柱石的一種，大家可能就會對這個寶石有些概念了。沒錯，祖母綠可以說是綠柱石的代表，也是綠柱石中價格最昂貴的；另外一個也頗受歡迎的海藍寶，也是綠柱石的一種，不過海藍寶的價格就平易近人多了。其實綠柱石也有很多顏色，除了著名的祖母綠與海藍寶，還有一種清爽的粉紅色或嫩橘色綠柱石，叫做摩根石，顏色粉嫩很討人喜歡，尤其是近幾年，粉色系列的寶石受到越來越多人的喜愛。

綠柱石小檔案

折射率	1.570～1.600
雙折射率差	0.005～0.009
色散率	0.014
比重	2.65～2.78
硬度	7.5～8
化學式	$Be_3Al_2Si_6O_{18}$
結晶型式	六方晶系 Hexagonal

綠柱石名稱的由來

　　綠柱石英文Beryl是從希臘文Beryllos演變而來，最早的字根應該是源於印度文，這個字到底是什麼意思卻沒有相關的記載，所以無法得知最早是如何為綠柱石命名的。德文的眼鏡brille就是從beryl衍生而來的，因為最早的眼鏡鏡片是用無色的綠柱石磨成的。

綠柱石的特性

　　綠柱石的折射率1.570～1.600，祖母綠的折射率多半介於1.576～1.582之間，雙折射率差為0.005～0.009，色散率0.014，硬度為7.5～8之間，不過韌度都很差，所以綠柱石比其他寶石易碎裂，在鑲嵌與佩戴時要非常小心。

　　綠柱石也有很多種顏色，不過在寶石市場上主要是祖母綠、海藍寶與摩根石，其他顏色的綠柱石多半是寶石學家與礦物學家的收藏品。

祖母綠戒。
良和時尚珠寶提供

　　祖母綠是綠柱石中身價最高的寶石，但通常含有很多的內含

質色皆佳的哥倫比亞祖母綠

物，在寶石世界中祖母綠有「寶石花園」（Jardin）的美稱，內含物反而成為祖母綠的特色而非缺點，其他綠柱石的內含物就沒有這麼明顯。祖母綠是因含鉻或釩元素而致色，而海藍寶石是因含有鐵致色。

風華絕代的祖母綠

每次看到祖母綠，就會聯想到亂世佳人中的郝思嘉，天生美人胚子的她身處戰亂時代，即使蓬首垢面依然不減美麗，就像是祖母綠一樣，雖然它的內含物較多，也折損不了令人心盪神馳的艷麗，但美到讓人無法用言語來形容的翠綠色，如此驚駭的美艷只有在祖母綠身上才看得到。

祖母綠內含物通常很多而且明顯，所以美其名為「寶石花園」。不過內含物是祖母綠的特色，不僅不算瑕疵，還是天然祖母綠最好的證明。顏色要夠濃的綠色才能稱為祖母綠，否則，不夠濃的淡綠色只能被稱為綠色的綠柱石（Green Beryl），兩者價值有很大差別，祖母綠的濃綠色調特別被稱為祖母綠色（Emerald Green），是礦物學與寶石學上對這種綠色的專有顏色名稱，祖母綠是因為含鉻元素致色的結果，也有少數是含有釩而致色。祖母綠的硬度並不低，在7.5到8之間，但韌度很差，所以需要特別小心呵護，佩戴時盡量避免碰撞，以免裂開。

祖母綠是五月份的生日石，占星學中代表金星的寶石，金星掌管的是人的審美觀與對愛情的態度，而祖母綠的象徵意義就是美與生命力，它能提昇金星對人們的影響力。

beryl story

祖｜母｜綠｜的｜產｜地

品質最佳的祖母綠產於哥倫比亞，以穆卓（Muzo）和齊瓦（Chivor）兩處礦區最為有名。現在市場上許多高品質祖母綠來自尚比亞，其他祖母綠產地有巴西、巴基斯坦、辛巴威、坦尚尼亞、俄羅斯、南非、印度與埃及。

祖母綠名稱的由來

最早的名稱來自波斯語的Zumurud，後來演變到希臘文的Smaragdos，意思是綠色的

石頭，在古代這個名稱泛指所有
的綠色寶石，到了十六世紀才
變成現在英文的Emerald。而
中文祖母綠這個名稱是以最
早的波斯語譯音而來，與英
文Emerald發音並不相近，所
以有些人搞不懂為什麼它被翻
譯成祖母綠。

以珍珠搭配老式車
工鑽石的祖母綠套
組。式雅珠寶提供

祖母綠的傳說

　根據考證，在四千多年前紅海西岸的埃及
就已經有祖母綠的開採，埃及豔后克莉佩卓（Alexandria
Cleopatra）最喜歡的寶石就是祖母綠，她不僅將一座祖母綠的礦
山以自己的名字克莉佩卓為名，還用這裡所產的上等祖母綠犒
賞群臣。拜埃及豔后所賜，祖母綠因此成為當時地位最崇高的寶
石。

　綠色自古以來就被視為治療的顏色，人們相信緊盯著祖母綠能
使眼睛更為敏銳，也可以治療眼疾；聽說蛇如果直視綠寶石，眼
睛會變瞎，所以古人將它做成護身符帶在身上，不只防毒蛇，還
能防止邪魔入侵。將祖母綠含在舌頭下面，可讓人有預知未來的
能力；擁有祖母綠的女性還可以獲得美滿安定的婚姻生活。

有名的祖母綠：聖杯傳奇

　大天使米迦勒（Michael）與墮落天使路西法（Lucifer）在天
界鬥法，最後天使的劍擊中路西法王冠上的祖母綠，贏了這場決
鬥，而這顆落入凡間的祖母綠後來被雕刻成杯子，就是基督在最
後晚餐中所用的聖杯。當耶穌基督被釘在十字架上時，他的門徒
約瑟（Joseph）用這只聖杯盛著耶穌的血，逃到英國將它藏在教

73

良和時尚珠寶提供

堂中，後來卻不知去向，傳說聖杯傳到了亞洲，卻沒有人看過這只聖杯，從此行蹤成謎，至今仍沒有人知道答案。

祖母綠的處理

- **浸油處理（Oiling）**：將祖母綠浸泡在油脂中，油漸漸經由祖母綠的隙縫進入寶石內部，掩飾祖母綠原有的裂隙，並提高淨度，光澤也會變得較明亮。不過浸油處理的祖母綠在一段時間後會由於油脂的揮發恢復原狀，原本的裂隙又會出現；由於這種處理並未改變祖母綠的結構或化學成分，普遍為業界所接受。

- **灌膠處理（Opticon-Filling）**：以環氧樹脂（Opticon）充填入祖母綠的裂隙中，使裂隙消失，提高淨度，這種處理就像是翡翠的B貨一般，充填入樹脂類的化學物質，所以是應該要明確告訴消費者是否經過灌膠處理。寶石鑑定書上也必須註明是經過充填處理的祖母綠（Opticon-Filling Treated Emerald），這種處理過的祖母綠價格與天然祖母綠差異相當大，所以必須格外小心。

- **染色（Dye）**：因為綠柱石的顏色不夠綠，所以用浸油的方式以染劑浸泡祖母綠，使之變成美麗的濃翠綠色，因染劑的成分不同，有些會揮發而褪色，有些則不會，不過因為染劑是沿著裂隙進入祖母綠中，所以綠色會集中在裂隙處，可用放大鏡仔細觀察檢測出來。

BERYL

良和時尚珠寶提供

祖母綠的仿品

• 助熔法（Flux）合成祖母綠：西元1848年一位法國人以助熔法成功製造出第一顆人造祖母綠，經過不斷的進步與改良，1950年代後高品質的合成祖母綠充斥於市場。助熔法合成的祖母綠價格不像水熱法那麼高，淨度比天然祖母綠高許多，所以看到很乾淨、價格又不高的祖母綠，就極有可能是助熔法合成的祖母綠。

• 水熱法（Hydrothermal）合成祖母綠：最接近天然祖母綠的合成品，市場上稱為「培育祖母綠」，因製作成本較高所以售價並不低，對於不熟悉天然祖母綠市場行情的人來說，很難以價格來判定是天然或是以水熱法合成的祖母綠。

多年前台灣曾發生喧騰一時的新加坡祖母綠事件，某家廠商在水熱法製造過程中，加入少量天然祖母綠做為合成祖母綠結晶時的晶種，在保證書上寫的是「天然培育祖母綠」，加上英文註明：「此祖母綠是將天然祖母綠以水熱法技術經高溫培育而成的」，然而許多消費者根本不了解Hydrothermal是什麼意思，也不知道所謂的培育祖母綠就是合成的意思，一時不察花了大筆錢

克拉多珠寶提供

買到合成的祖母綠，所以購買祖母綠時要特別小心，鑑定書最好是由具有公信力的鑑定所開出的比較有保障。

● **夾層祖母綠**：夾層石上端的冠部與下端的亭部所用的材質很多，有些是淺色綠柱石或透明水晶，甚至可能是以玻璃來做為寶石上、下兩部分，中間一層以綠色的膠黏合起來，從側面看就像是中央為綠色夾心的三明治，所以被稱為三明治（Sandwich），只要由祖母綠側面觀察就一目了然，因此不難分辨。

Tips ▸▸ 選購 ｜祖母綠 ｜小祕訣

❶ 切磨形式：祖母綠的切割形式多半為長方形的階梯形切割，以刻面截去四個角落，叫做祖母綠式切割，是最典型的切割方式，不過必須是顏色非常均勻美麗、光澤非常好、透明度較高的祖母綠才適合。因祖母綠的淨度一般較差，所以切割成蛋面形的祖母綠也很常見，因為蛋面可以讓內含物看起來不那麼明顯。

❷ 顏色優先：祖母綠的挑選以顏色為優先，最好是正綠的濃綠色，最好的祖母綠顏色是像紅綠燈中綠燈的顏色，不過真正如此耀眼的綠色價格相當高，其實稍微偏一點藍也很美，但如果是淡綠色或偏暗的墨綠色價格就差很多了。

❸ 以珠寶燈觀察：選購祖母綠時可以利用珠寶店的珠寶燈仔細觀察，將祖母綠稍微靠近光源，以不同角度觀察祖母綠，浸過油的祖母綠有些角度可以發現油脂的反光，有時還可以看到油脂泛出的七彩光。

❹ 注意裂隙：祖母綠一般會有內含物，所以淨度不必太高，要注意的是裂隙，用燈光透過祖母綠看是否有較大的裂隙，如果是肉眼可見的裂痕可能會影響祖母綠的耐用度，應盡量避免。

❺ 鑑定師的鑑定書：最好是買有鑑定師開立鑑定書的祖母綠，鑑定書與店家所開的保證書不同，是鑑定師鑑定後的結果報告書，鑑定結果是否為「天然祖母綠」（Natural Emerald），並注意附註欄中有沒有註明其他文字，如果是經處理的祖母綠必須在這裡清楚標示。特別注意有無英文Treated（處理）、Created（培育的）、水熱法（Hydrothermal）等字樣，經過處理的或是合成的祖母綠價值差別很大。

祖母綠鑽石戒指（右上）。
式雅珠寶提供

克拉數大且顏色佳的海藍寶石設計成的別針。金匠珠寶提供

以海水為名的海藍寶石

明朗又澄澈的天藍色是海藍寶石的正字標記，海藍寶石 Aquamarine的名稱源自拉丁文，aqua是水，marine是海洋，aquamarine合起來就是海水的意思，雖然名字來自海水，但其實晴朗無雲的蔚藍天空更適合用來比喻海藍寶石的清爽色調，潔淨的天空藍使人覺得全身舒暢，平實的價格讓年輕的消費族群也能輕鬆擁有它。

海藍寶石是三月份的生日石，也是受土星支配的寶石，土星在面臨考驗時發揮對性格的影響力，與個人的成熟度有關，海藍寶石的天藍色象徵知性與調和，使人心境祥和，撫平紊亂的思緒，穩定的力量讓人有更海闊天空的發展空間。

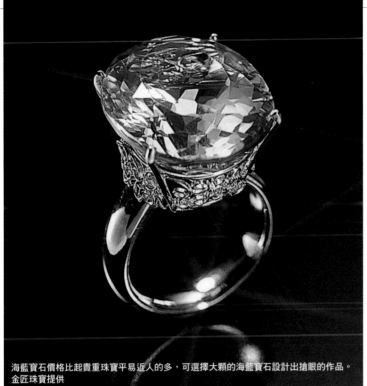

海藍寶石價格比起貴重珠寶平易近人的多，可選擇大顆的海藍寶石設計出搶眼的作品。
金匠珠寶提供

海藍寶石的傳說

中古世紀的人們認為用泡過海藍寶石的水洗眼睛能治療眼疾，喝下這種水可以止住氣喘與打嗝。古羅馬人用海藍寶石治療胃腸、肝臟與喉嚨不舒服等毛病，他們也相信佩戴海藍寶石能青春永駐帶來幸福，還可以喚回昔日戀情；而接近海水的顏色也被當成是水手的護身符。

海藍寶石的處理

從礦區挖掘出來的海藍寶石晶體常帶有綠色調，所以大部分的海藍寶石都是經過加熱使其顏色顯得更藍，這種加熱過程並未添加任何化學物質致色，加熱後的顏色穩定也不會破壞寶石的結構，因此是可以被接受的處理方式。

> **beryl story**
>
> ### 到底是拓帕石還是海藍寶石
>
> 與海藍寶石最相像的就是藍色的拓帕石了，這兩種寶石不僅顏色接近，且在寶石市場上皆很普遍，連寶石學家也無法光憑外表就區分出來。不過其實拓帕石是截然不同的另外一種寶石，其折射率與比重都比海藍寶石高，所以很容易分辨出來，而且因為拓帕石比重較高，兩顆一樣大的拓帕石與海藍寶石拿在手上，拓帕石會稍微重一點，即使不用儀器也可以分辨出來。

粉嫩的摩根石與其他顏色的綠柱石

• **摩根石（Morganite）**：粉紅、粉橘到粉紫色的綠柱石稱為摩根石，是寶石世界的後起之秀，粉嫩的色調吸引許多年輕族群的喜愛。摩根石的名稱來自美國一位礦物收藏家摩根（J. P. Morgan）的名字。摩根原本是個成功的銀行家，

摩根石戒。
良和時尚珠寶提供

將畢生收藏的寶石礦物捐贈給美國史密斯桑尼博物館供世人觀賞，因此將這種新的寶石以他的名字命名。

• **金黃綠柱石（Golden Beryl）**：顏色從檸檬黃到金黃色的綠柱石，它還有另一個名稱Heliodor，源自希臘文，意思是太陽的禮物，因為古人認為閃耀著金黃色澤的綠柱石是陽光照射在土地上遺留的光影，故以此為名。

• **無色綠柱石（Goshenite）**：很少出現在珠寶市場上，它是因為在美國麻薩諸塞州Goshen這個地方發現而命名。

• **紅色綠柱石（Bixbite）**：草莓色的綠柱石，顏色一般不像紅寶石般艷紅，珠寶業界稱為紅色祖母綠（Red Emerald），以彰顯它的不凡身價。

Tips ▶▶ 選購 海藍寶石 小祕訣

❶ 常見的海藍寶石切割成各種形狀的刻面寶石，因為結晶通常較大，所以大克拉數的海藍寶石相當常見，有些海藍寶石也被用來雕刻成不同的形狀，用來搭配其他寶石。

海藍寶石。Blitz提供

❷ 與貴重寶石比起來，海藍寶石的價格便宜許多，所以即使購買大顆的海藍寶石也不會造成太大的負擔，挑選海藍寶石當然還是先考慮顏色，顏色愈濃價格愈高；切割也很重要，可以選擇稍微厚一點的海藍寶石，這樣才能顯現海藍寶石足夠的色度。

金黃綠柱石重達21.82克拉。廖家威攝影・名威珠寶提供

金綠玉 |珠寶世界中的王者至尊|

CHRYSOBERYL

6
**chrysoberyl
profile**

金綠玉小檔案

折射率	1.740～1.755
雙折射率差	0.008～0.011
色散率	0.015
比重	3.70～3.75
硬度	8.5
化學式	BeAl₂O₄
結晶型式	斜方晶系 Orthorhombic

散發神祕氣息的貓眼金綠玉，與顏色會因光源不同而產生不可思議變化的亞歷山大石，是金綠玉最具代表性的種類，這兩種非常稀少、價格又昂貴的金綠玉是珠寶世界中的「王者至尊」，得天獨厚的金綠玉寶石家族中出現這兩種凌駕所有寶石的成員，使得其他的寶石瞬間黯然失色，高品質貓眼金綠玉與亞歷山大石的價格可以高到令人咋舌的地步，如果說懂得寶石的人稱為行家的話，那懂得這兩種寶石的人就是「行家中的行家」了。

金綠玉名稱的由來

金綠玉寶石很早以前就被發現，當時的金綠玉多半是金黃色，希臘人就以黃金為這種寶石命名，金綠玉Chrysoberyl前面的chryso就是希臘文黃金的意思，它又與金黃色的綠柱石極為相像，所以後面冠上綠柱石的名稱beryl，但它與綠柱石是截然不同的兩種礦物，寶石特性也不一樣；中文名稱則是取其金的含意與綠柱石的綠，再加上有價值的玉為名，稱之為金綠玉，但它也不是玉，消費者可不要被名稱混淆了。

金綠玉的特性

金綠玉是一種鈹鋁氧化物的礦物，屬於斜方晶系，折射率介於1.740～1.755之間，雙折射率差約為0.008～0.011，色散率0.015，比重3.70～3.75，硬度為8.5，介於剛玉與拓帕石之間。

獨特的亞歷山大變色現象是由於金綠玉中含有微量的鉻元素，金綠玉結晶中的鉻元素，在白色光源下會吸收掉可見光譜中除了綠色以外的色光，而形成綠色，在黃色光源下則吸收除了紅色

最貴重的貓眼寶石，貓眼金綠玉。和記珠寶提供

以外的光源而呈紅色，這就是亞歷山大石的變色現象成因。貓眼現象則是由很多細長且彼此平行的纖維狀內含物所形成，這些排列整齊的內含物，在切割成蛋面形的金綠玉寶石上閃耀著銀白色的反光，就像是貓的眼睛。至於常見的黃色至黃棕色或黃綠色的金綠玉，則是因含有少量的鐵而致色。

亞歷山大變色石。
黎龍興珠寶專賣店提供

金綠玉的種類

依金綠玉寶石的內含元素、纖維狀內含物和呈現的顏色來區分，金綠玉寶石可分成下列四種。

金綠玉寶石

金綠玉的顏色從黃色到黃綠色與黃褐色都有，與金黃綠柱石外形類似，由於金綠玉的折射率與硬度比綠柱石高，所以切割後的光澤較綠柱石更佳，觀察寶石的光澤可以區別出這兩者，當然最確實的分辨方式還是用寶石儀器測量折射率與比重。

亞歷山大石

西元1830年俄國的烏拉山脈發現一種會變色的寶石，這一天剛好是俄皇凱薩亞歷山大二世（Czar Alexander II）的生日，所以就以俄皇的名字為其命名為Alexandrite。它在白色光源（如：日光燈、太陽光）底下呈現綠色，而在黃色光源（人工光源或燈泡）照射時呈現紅色，最佳的變色現象呈現猶如祖母綠的翠綠與紅寶石的火紅色，不過能達到這種等級變色現象的金綠玉不多，通常是黃綠或褐綠色與紫紅或紅棕色的變色現象較多，變色現象越明顯亞歷山大石的價格也越高。

beryl story

金綠玉的產地

亞歷山大石最早發現於俄國烏拉山一帶，不過已開採殆盡，目前主要的產地在斯里蘭卡、巴西、馬達加斯加與坦尚尼亞。貓眼金綠玉的產地主要是斯里蘭卡與巴西。至於其他的金綠玉寶石產地有斯里蘭卡、巴西、馬達加斯加、坦尚尼亞、緬甸與俄羅斯。

有一種發現於東部非洲的鈣鋁石榴石（Grossular Garnet）也會呈現藍綠與紅棕色的變色現象，但是這種鈣鋁石榴石屬於石榴石的一種，是單折射寶石，所以可用是否有雙折射現象來區別這兩種寶石。兩種寶石的價格差異很大，購買時要格外小心。

貓眼金綠玉

因含有許多細長而平行的內含物，隨著光源移動而顯現銀白色的反光線條，就像是貓咪靈活的眼線，在寶石業界「貓眼」指的是貓眼金綠玉，因為貓眼金綠玉是所有貓眼寶石中價格最高的，如果是其他貓眼寶石則必須註明寶石種類，如：貓眼碧璽、貓眼軟玉、貓眼蛋白石等。品質好的貓眼呈現「牛奶蜂蜜色」（Milk and Honey）與明顯的「開合現象」（Open-and-Close effect），所謂的牛奶蜂蜜色是指貓眼金綠玉的體色當光源由寶石的一端照射時，靠近光源的一邊因燈光的照射而顏色較淡呈牛奶色，另一端因此顏色較深而呈黃棕色，寶石兩端分別具有牛奶與蜂蜜的顏色；開合現象則是指，同時以兩個光源照射寶石時，貓眼的眼線會隨著光源分離與靠近向兩端張開與聚合的現象。這兩個條件都具備的貓眼是等級最高的，價格也非常高。

> **beryl story**
> ## 正｜統｜的｜貓｜眼
>
> 在談到寶石時，我們常聽到「貓眼」這個字眼，其實在寶石業界，「貓眼」指的是貓眼金綠玉，因為貓眼金綠玉是所有貓眼寶石中價格最高的，如果是其他貓眼寶石則必須註明寶石種類，如：貓眼碧璽、貓眼軟玉、貓眼蛋白石等。

貓眼亞歷山大石

結合貓眼與變色兩種現象的金綠玉寶石，產量非常稀
少，是相當難得的一種寶石，主要產地在非洲的坦
尚尼亞，大多數的寶石商都沒有現貨供應，所以價
格高到什麼程度沒有一定的標準，台灣到現在為止
很少珠寶店有貓眼亞歷山大石。

貓眼亞歷山
大石。黎龍
興珠寶專賣
店提供

Tips ▶▶ 選購 ┃ 金綠玉 ┃ 小祕訣

❶ 切割形式：貓眼金綠玉必須切割成凸圓形的蛋面形才能顯現出中央的
眼線，而亞歷山大石與其他顏色的金綠玉寶石多半切成橢圓形或祖母
綠形的刻面寶石，而且亞歷山大石的底部厚一點可以讓變色現象更為
明顯。

❷ 鑑別仿品：市場上很少見人工合成的金綠玉寶石，大部分的仿品都是
用其他材質所製造的，如：玻璃或合成剛玉仿製，亞歷山大石的仿品
較常見的是一種以紅色石榴石加上玻璃的底部黏合的人工夾層寶石，
還有一種是合成剛玉（Synthetic Corundum），常見的仿品其變色現
象是較淡的綠色與櫻桃紅色，這兩種仿品都很容易經寶石折射率或比
重的測試鑑別出來，所以只要是有鑑定書的貓眼或亞歷山大石，就不
會買到仿品了。

❸ 與綠柱石的分辨：黃色、黃綠色與黃棕色的金綠玉和類似的綠柱
石寶石，仔細觀察寶石的光澤會發現金綠玉的光澤較綠柱石高，
另外金綠玉的比重較高，置入比重3.32的二碘甲烷液中，金綠玉
會下沉而綠柱石會浮起來。

❹ 貓眼的評斷標準：貓眼的選購有五個評斷標準：「直、細、亮、中、
活」，簡單的說就是眼線要筆直、越細越好、亮度要夠、必須居中、
看起來要靈活而且會跟著光源的位置而移動，最好的顏色是所謂的
牛奶蜂蜜色，達到此種等級的貓眼金綠玉並不多，價格相當高，這
種等級的貓眼在台灣的珠寶店中已不多見。

由上而下分別為蛋白石
貓眼、碧璽貓眼、金綠
玉貓眼。名威珠寶提供

❺ 變色現象：亞歷山大石的變色現象愈明顯，綠色調與紅色調的顏色對
比愈強烈，等級愈高，因此價格也越高。

黃色金綠玉搭配丹泉石與紅碧璽製成的十字架綴飾，顏色亮麗搶眼。La Stella珠寶提供

珍珠 ｜月之女神戴安娜的最愛｜

PEARL

pearl profile

珍珠象徵純潔、溫柔、愛與和平，據說珍珠是月之女神的最愛，在西洋占星術中珍珠也是代表月亮的守護石。在古文明歷史上，珍珠具有相當崇高的地位，是少數在古代被視為高價值的寶石之一。從古至今，珍珠似乎是女人專屬的寶石，也許是它光滑細膩的質感、亮麗卻又溫潤的光澤展現女性的溫柔特質，而珍珠的形成是貝類忍受痛楚後凝結而成的結果，將女性堅毅與包容的高貴情操發揮得淋漓盡致，這大概是珍珠能維持其尊貴地位長久不墜的主要原因了。

珍珠小檔案

折射率	1.52～1.69
色散率	無
比重	2.6～2.78
硬度	3～4
化學式	大部分是CaCO₃
寶石種類	有機寶石

大海的淚珠

　　一顆沙粒偶然間進入了貝殼之中，這突如其來的外來異物刺激著貝殼中的蚌體，含著沙粒的蚌分泌出光亮柔滑的珍珠質，將這外來異物層層包裹住以減輕刺痛，日積月累吸收海的精華，形成了晶潤光滑的珍珠，這個美麗動人的故事就是珍珠形成的原因；在過去還沒有珍珠養殖技術之前，人們用「大海的淚珠」來形容珍珠，不僅充滿浪漫情懷也頗符合珍珠所代表的美麗形象。

珍珠名稱的由來

　　珍珠名稱的來源有兩種說法，兩者的起源都來自拉丁語，其一說是源自拉丁文perna，是一種貝類的名稱；另一種說法是來自拉丁文中的sphaerula，意思是圓球形，由珍珠的外型來命名。到底何者較為正確，至今已不可考，但以其英文名稱pearl看來，兩者皆有其字根，所以兩者都有可能。

Orlando BONALDO攝影·
Perles de Tahiti提供

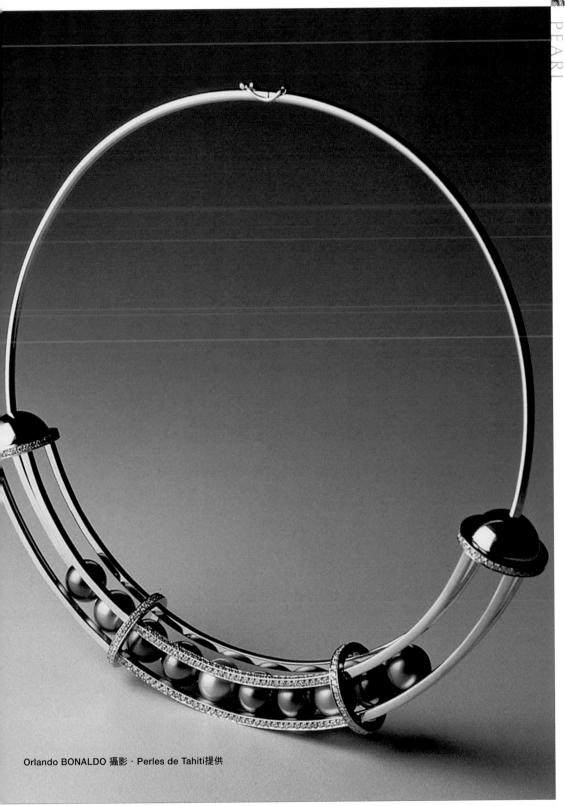

Orlando BONALDO 攝影・Perles de Tahiti提供

珍珠的傳說

　　珍珠出現於人類歷史的時間相當早，古代的人認為它具有強大的力量，所以被賦予許多神秘的傳說。古代的神官常會在額頭鑲上一顆珍珠來增強他們的靈力，這些擔任神職的神官通常是王國中最位高權重的人物，有時連貴為一國之君的帝王也必須對他們恭敬三分。在古代的醫療中，也相信將珍珠磨成粉末和入蜂蜜與酒一起服用，可以治百病。而珍珠也被漁夫們當作免於海難的護身符，因為珍珠被認為具有強大的守護力量。埃及豔后克莉佩卓與羅馬帝國的將軍安東尼（Mark Antony）也曾有段與珍珠有關的小故事。一回她與安東尼打賭，保證要請他享用一場絕無僅有的奢華饗宴。但兩人品嚐了皇室的珍饈美味後，安東尼向克莉佩卓宣稱她輸了這場賭注，因為這場盛宴

克拉多珠寶提供

與其他皇室盛宴沒有不同；埃及豔后聽了嫣然一笑，揚起手要侍者端來一只盛著醋的酒杯，並將戴在她雙耳上的碩大珍珠耳環取下，拿起其中一只丟入杯中，珍珠溶化在醋裡，埃及豔后拿起酒杯一飲而盡，當她準備拿起另一只耳環溶入另一杯醋給安東尼時，被安東尼制止，同時安東尼承認這次是克莉佩卓贏了這場賭注。據說那對珍珠是皇室代代相傳的寶物之一，價值不菲；剩下的另一顆珍珠後來還被人剖成兩半，重新鑲製成一對新的耳環。

珍珠的特性

　　珍珠是有機寶石中價值最高、最重要的一種；它是由貝類分泌的珍珠質包裹住珠核而形成，所

以不像其他寶石有結晶形式及化學組成，珍珠的主要化學成分中90％以上是碳酸鈣（$CaCO_3$），其餘還有水（H_2O）及少量的有機物質。

有一種特殊的現象叫做珍珠光，英文稱之為Orient（原意為東方，在寶石學上這種現象只用來稱呼珍珠散發的光芒，所以在此將這個字譯為珍珠光），由於珍珠層相互重疊的結構使得光線產生折射，導致珍珠表面散發出七彩光芒的現象稱為珍珠光。表面光澤良好的珍珠都可以觀察到此一現象，這就是珍珠具有迷人魅力的地方。

各種不同形狀的珍珠。
Alain NYSSEN攝影．
Perles de Tahiti提供

由於珍珠是有機物質所構成，所以不當的使用與缺乏保養會使珍珠的有機質脫水導致「老化」，也就是說，珍珠在不當的溼度下容易失去光澤、產生龜裂、甚至脫皮，而使壽命縮短；而且珍珠的成分主要是碳酸鈣，所以遇酸會被侵蝕。因此佩戴與收藏時需要多加注意，此外適度的保養也是必要的。

養殖珍珠的歷史

談到珍珠的養殖，大家一定都會聯想到日本的御木本幸吉（Mikimoto），他被譽為「養殖珍珠之父」，因為他養殖出世界上第一顆圓球形的養珠。不過，話說回來，最早開始珍珠養殖的可是中國人呢！早於西元十三世紀時，中國人就懂得在一種淡水蚌類的蚌殼內側黏上具有佛像形狀的固體，過一段時間蚌殼所分泌的物質將它完整覆蓋後就可形成佛像形狀的珍珠物體了，這種方法所製造的佛像珍珠近似我們現在所稱的半面珠。

真正開始珍珠的養殖要回溯到西元1895年，御木本幸吉先成功的養出五顆半圓球形的珍珠，經過數年努力，終於在

設計感十足的珍珠首飾。
Orlando BONALDO攝影．
Perles de Tahiti提供

91

Sifen Chang
張煦棻提供

1905年養出完整圓球形的養殖珍珠。至此，養殖技術愈來愈發達，也改寫了珍珠的歷史，珍珠從此有了更多元的風貌。

養殖珍珠的形狀

由於養殖珍珠雖然以人工植入珠核，其成果卻是取決於生物現象，即使植入的珠核都是圓球形，在貝類分泌的珍珠層包裹下卻常出現多種不同的外形，大致可歸類為以下數種：圓形（round）、偏圓形（off-round）、水滴形（pear-shape）、圓環形（circled shape）與不規則形（baroque）。大致說來，圓形在市場上較為搶手，價格也比其他形狀的珍珠稍微高一些，不過所有珍珠並沒有因為形狀而分好壞，也就是說各種不同形狀的珍珠各有所長，需視其用途而定，例如整串珠鍊當然是標準的圓形較為討喜，水滴形適合製作墜子，而珠寶設計師則偏愛用不規則形的南洋珠來創作，能達到最適合的造型才是最重要的。

有些不適合植入珠核的貝類，珍珠養殖場會利用它們來養殖另一種半面珠叫做馬貝珠（Mabe），這是在貝殼內側黏上半圓形或其他形狀的玻璃珠，與養殖珍珠的貝類一同養殖，待貝殼的珍珠層將黏上的玻璃珠完整覆蓋後就能收成，將蚌殼上各種形狀的珍珠連同一部分貝殼切下，就形成這種馬貝珠；馬貝珠的養殖期大約只要一年左右的時間，表面看來一樣有珍珠的光澤，但價格遠較整顆的珍珠便宜許多。

另外還有一種南洋珠叫做客緒珠（Keshi），這是一種在養殖南洋珠的同時所生成的珍珠，沒有珠核，它是在植入珠核後貝類自行生成的，這種偶發形成的珍珠形狀非常不規則，整個都是貝類所分泌的珍珠質，因此珍珠光澤非常好，適合做成珠串配戴或者設計成獨一無二的珠寶設計作品，頗受消費者青睞。

養殖珍珠的種類

市面上銷售的珍珠大致分成三大類：南洋

pearl story

南│洋│珠│的│產│地

白色南洋珠主要產於澳洲南部，而在印尼、馬來西亞、菲律賓、泰國與緬甸海岸也有少量出產。金色的南洋珠由於顏色討喜，近年來在市場上很搶手，主要產於東南亞國家與澳洲西北方。而市售之黑珍珠幾乎全部都來自大溪地，菲律賓也有少量出產，但品質以大溪地最佳、數量也最多。

Sifen Chang張煦棻提供

珠、日本珠與淡水珠，其中南洋珠與日本珠都是海水養殖的海水珠；嚴格
說來，珍珠的種類應該是以養殖珍珠的不同貝種來區分，但由於不同的貝
類生長於不同的水域，而同類型水域所產的珍珠其特性也較為接近，為了
方便分辨，市場上便以珍珠所出產的水域來劃分珍珠種類，不同種類的珍
珠其特性、產地，甚至價格都有很大的差別。

南洋珠

所有產於南太平洋的珍珠皆稱南洋珠（South Sea Pearl），以外觀而言，
南洋珠一般尺寸較大（直徑9至20公釐左右）、珍珠的光澤與皮光亮度也
較其他兩種珍珠為佳。南洋珠依其顏色又可分為白南洋珠、金色南洋珠與
黑珍珠，因養殖的貝類顏色不同，使得南洋珠擁有許多不同顏色。

南洋珠取得不易價格高

南洋珠的養殖貝類多半是生長於南太平洋及東南亞一帶，這些貝類成熟期的大小可達直徑12吋左右，壽命最長可達十三年之久，但一般說來平均壽命在九到十年左右；這種貝類必須等到他們十八個月後才能植入珠核，植核後的三週內是最容易產生排斥的時期，其排斥率大約是全部植核貝類的20％左右，如果沒有排斥，植入珠核的貝類要再養殖二年後始能收成，而完美無瑕的南洋珠大概只占所有收成的5％到10％左右，這就是南洋珠為何是所有珍珠中價格最高的原因了。

黑珍珠戒指。
良和時尚珠寶提供

在蘇富比與佳士得拍賣會上的南洋珠串，經常拍出創紀錄的天價，就是因為南洋珠的取得不易，加上要組合成一串南洋珠鍊又必須考慮到南洋珠的顏色、大小與形狀的相互配合，更是難上加難，所以南洋珠才能在價格上屢創新高，並成為名媛淑女的最愛。

日本珠

日本養珠又稱Akoya珍珠，是以其養殖珍珠的貝類來命名。Akoya珍珠也是海水珠，但這種貝類與南洋珠的貝類有很大的不同，它的體型較小，成熟期大小約為3吋左右，故日本珠大小從2公釐至9公釐，超過9公釐以上的也有，但是產量少。

一般來說，日本珠的顏色主要是白色，通常帶有粉紅或者微黃的伴色（overtone），其中以帶有粉紅色者價值較高。

以淡水珠為設計的別針。Sifen Chang張煦棻提供

黑珍珠寶環戒。Sifen Chang張煦棻提供

　　日本珠的最佳收成時間在每年冬季最乾燥的幾個月份，因為此時貝類正處於休息狀態，可以得到較好的珍珠光澤；日本珠的養殖在植入珠核後到收成前的養殖期需要一年到一年半的時間，貝類的排斥率約為15％至20％左右，而品質最佳的珍珠只占所有產量的10％，這就是為什麼一串顏色、皮光都好的珍珠價錢會那麼貴的原因！

　　現在市面上所稱的日本珠有些其實並不是日本所養殖的，近幾年來中國東北及山東半島沿海也有Akoya珍珠的養殖，原本品質不及日本產的珍珠，但近來已有迎頭趕上的趨勢。

淡水珠

　　只要是淡水養殖的珍珠都屬於淡水珠，淡水珠是所有珍珠中產量最多、價格較低的珍珠種類，隨著珠寶消費族群的年輕化，淡水珠也愈來愈受到年輕人的喜愛，這些年來用淡水珠所設計的珠

> **pearl story**
>
> ### 日｜本｜珠｜的｜產｜地
>
> 目前高品質的日本珠產於日本，其他地區除了中國東北部沿海外，澳洲西北部及印度也有少量生產。

良和時尚珠寶提供

寶也創下不錯的銷售佳績，一來因為淡水珠的價格較為平易近人，二來因為淡水珠的養殖技術有很大的進步，其珍珠光澤、顏色都比以前的淡水珠漂亮許多，讓消費者能輕鬆擁有美麗的珍珠首飾。

最早成功養殖出圓球形的淡水珠是在日本的琵琶湖，但是由於琵琶湖遭受污染，這裡的養殖業已大不如前；近年來中國的養殖技術有很大進展，目前市售的珍珠多半來自中國。

淡水珠的大小與形狀

淡水珠的大小與形狀很多，小從米粒珠（大約1、2公釐），大到12公釐的圓珠、不規則形都有；顏色也很多，有白色、米色、粉橘、金黃及粉紫色等等；不過淡水珠一般無法像日本珠及南洋珠那麼圓。

為什麼淡水珠的價格較南洋珠及日本珠便宜呢？主要是因為養殖淡水珠的貝類一次可以植入多達二十顆珠核，且貝類存活率高、植入珠核後的排斥率又比較低，再加上淡水養殖多半在湖泊或河川中，管理及照料貝類較容易，營運成本也較海水養殖為低。

珍珠的處理及辨別

由於珍珠的顏色直接影響到價錢，所以珍珠最常見的處理都集中在改善珍珠的顏色上，針對不同種類的珍珠，因喜好不同而有漂白、染色與增色三種處理方式，以下列舉說明：

pearl story

淡│水│珠│的│產│地

淡水珠最大的產地在中國，其次在美國田納西州與澳洲北部，此外日本的琵琶湖也有少量生產。

● 漂白：漂白通常用於日本珠，因為日本珠的珍珠體色（body color）是白色，主要是將原本顏色較差的珍珠（通常是偏黃的珍珠）漂白成白色，使其看起來賣相較好，不過漂白的過程有可能會傷害珍珠的表面結構，使得珍珠較易變黃甚

Sifen Chang張煦棻提供

黃金珠墜。
良和時尚珠寶提供

至龜裂。雖然目前的漂白技術相當進步，但如果用放大鏡仔細觀察珍珠的表面結構是否受損，還是可以察覺珍珠是否經漂白處理。

• **染色**：珍珠染色的情形有兩種，一種是為了讓顏色均勻，或是為了設計上的需要讓顏色更多采多姿，這種情形在淡水珠的珠寶設計上較常使用，如果是基於這種情況的染色，店家都會誠實告知消費者。另一種就是魚目混珠，故意將珍珠染成另一種價格較高的顏色來欺騙消費者，購買時就需要格外小心了，尤其在大溪地黑珍珠還沒有被世人所熟知之前，許多日本珠或淡水珠被染成黑色當成黑珍珠銷售。現在國人對黑珍珠的認識較多，所以國內這種情況較不常見了，不過到國外旅行時就需小心，免得買到這種染色黑珍珠。因為黑珍珠是南洋珠的一種，所以比日本珠或淡水珠大，以珍珠的大小可以判別是否為南洋珠；另外若覺得黑珍珠（尤其是珠串）的顏色太深或珍珠的表面光澤看起來死死的，就懷疑它是染色的吧！不然最好是請銷售的店家開立保證書證明它是顏色天然的珍珠，如果售價高的話，建議找值得信賴的鑑定所鑑定一下，以免吃虧。

pearl story

分│辨│珍│珠│的│真│偽

　　購買珍珠時除了小心珍珠是否經處理外，可以再用以下幾個小方法來辨別珍珠的真假：

❶ **掂一掂**：珍珠的比重為2.6到2.78，比玻璃珠或塑膠珠重，但貝殼珠與第三代珠的比重因為材質類似，所以不適合用這種方法辨識。

❷ **摸一摸**：天然珍珠觸感冰涼，摸起來的感覺很紮實，而仿珠多半摸起來不像天然珍珠紮實，且觸感溫溫的，不像天然珍珠冰涼。

❸ **在牙齒上磨一下**：記得要輕輕的磨，天然珍珠的感覺是厚實的而且有沙沙的感覺，仿珠則沒有。

❹ **拿起兩顆珠相互摩擦一下**：仿珠相互摩擦時感覺非常滑，天然珍珠則稍微有點粗糙，摩擦的動作要很輕以免珍珠損傷。

• **增色**：增色與染色最大的不同在於，增色是讓珍珠顏色更加突出，其所採用的方法多半是輻射照射，而染色是將原本並沒有該種顏色的珍珠經染料變成另一種顏色。增色是珠寶業中相當具有爭議性的一個話題，黃金珠就是一個最好的例子，前幾年國內市場上出現大量的黃金珠，像純金一般黃澄澄的黃金珠首飾或珠鍊，在珠寶店的櫃子中閃閃發亮，相當誘人，而且整串的金珠價錢相當昂貴，不過卻因為國外有家珠寶雜誌報導橙黃色的金珠多半經輻射處理，使得消費者頓時望之卻步，不少店家因此慘遭池魚之殃。經輻射處理的珍珠用一般的儀

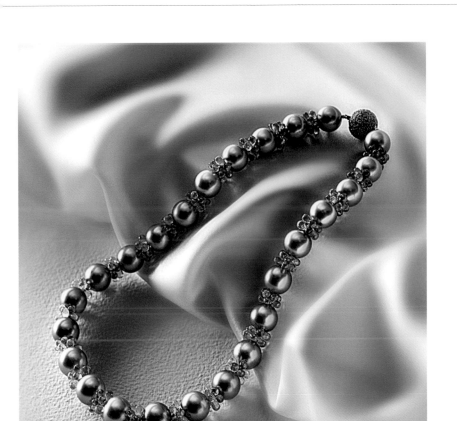

米蘭珠寶提供

器無法檢測出來，因此不建議消費者自行鑑定，最好找鑑定所或者買有鑑定書證明其顏色為天然的珍珠。

珍珠的仿品

珍珠的仿製品從早期的塑膠或玻璃製品，到目前最接近天然的所謂「第三代珍珠」，在外觀與質感上都愈來愈接近天然珍珠。

●**玻璃、塑膠製品**：相較之下玻璃珠比塑膠珠像珍珠，在玻璃或塑膠圓珠塗上數層珍珠顏料，比較好的玻璃珠或塑膠珠會塗上二、三十層，乾了以後就成了便宜又方便的珍珠仿品了，不過這兩種都很容易與天然珍珠區別。

良和時尚珠寶提供

- **貝殼珠**：將貝殼研磨後壓製成圓珠狀，再塗上一層珍珠層的保護膜，看起來閃閃發亮，又有珍珠的光澤，與珍珠非常相似，而且因為有保護膜包覆，可防止汗水等酸性物質侵蝕。
- **第三代珍珠**：這是目前最接近天然珍珠的一種製品，天然珍珠是由貝類分泌珍珠層包裹住珠核而形成，第三代珠則將此種過程以人工方式將珍珠層塗覆於珠核上，最後再塗上一層保護膜，改善天然珍珠怕酸與其他化學物質的缺點，此種過程雖然費工夫，但能得到更完美的包覆效果，所以外觀看起來比天然珍珠更閃亮，但因為仰賴人工所以價格並不便宜，目前日本的廠商正在大力推廣第三代珍珠，國內也可以買得到這種產品。

珍珠的保養

由於珍珠的特性使得它需要額外的呵護，不過它也沒有想像中那麼嬌弱，只要稍微多留意並了解佩戴及保存的方法，其實很容易就能讓珍珠首飾保持亮麗，甚至能代代相傳呢！保養注意的要點如下：

❶珍珠最怕化學物質，尤其酸性會使它溶解，所以佩戴時小心汗水、酸性調味料，如醋等等。

❷如果要佩戴珍珠出門，記得先打扮好後再戴上珍珠首飾，因為香水、髮膠、化妝品都會使珍珠失去表面光澤，千萬要記住珍珠永遠是最後才佩戴的首飾。

❸每次佩戴過後最好能立即用細緻的柔軟棉布擦拭乾淨，如果能用珠寶專用的羊皮擦拭布更好，可以向購買珍珠的珠寶店家要這種擦拭布。

❹珍珠存放時最好單獨放置，因為珍珠的硬度較其他寶石低，

方捷有限公司提供

如果放在一起不小心碰撞會留下刮痕；並且注意存放的位置不要太乾燥或太潮濕，太乾容易使珍珠脫水，太濕也會讓珍珠變質，會縮短珍珠的壽命。

Tips ▸▸ 選購｜珍珠｜小祕訣

以下所提的要點主要是增進對珍珠評估的概念，但最好還是有一些實戰經驗輔助，建議不妨依照下列五個要素多觀察比較，以獲得最好的交易。

珍珠的價格取決於珍珠的五大要素：大小、形狀、顏色、光澤、瑕疵度；所有的珍珠選購原則都依這五要素來評斷，這些要素都會直接影響到珍珠的價格，所以只能依照每個人的預算與喜好來評估，不能像其他寶石有固定的評價方式。

❶ 顏色：顏色是影響珍珠價格最大的一項因素，因為這是激發消費者購買動機的最直接原因。珍珠的顏色要分成兩方面來談，第一個是珍珠的體色，也就是珍珠本身的顏色，第二個是伴色，就是在珍珠本體色之外伴隨著一層淺淺的顏色。以南洋珠而言，白色南洋珠帶有粉紅伴色價格最高、其次是帶有銀白光彩，無伴色或帶灰者價格略低；金色南洋珠若能帶有橘紅伴色可達天價，不過金珠一般都是較單一的金黃色；黑珍珠最貴的伴色叫孔雀綠（Peacock Color），綠色光暈中又帶有紫紅色的伴色呈現在黑珍珠上，就像孔雀絢爛的羽毛而得名，這種伴色是黑珍珠所獨有的，其次是帶有綠色或紅色伴色的黑珍珠，而帶有金黃色的黑珍珠也很搶手。日本珠白色的體色上若能有粉紅色的伴色是價值最高的，如果顏色帶黃價格就比較低了。淡水珠的顏色本身就很豐富，常見的顏色除了白色之外，還有米白、橙黃、粉紫等色都很討喜。

❷ 大小：度量珍珠的大小是以珍珠的直徑寬度為準，通常以公釐為單位，越大的珍珠越罕見，價格自然也就越高。不同種類的珍珠大小也不一樣，南洋珠較日本珠與淡水珠大，常見的大小在11至18公釐之間，雖然也有超過20公釐以上的南洋珠，但數量不多價格也高；日本珠6公釐至8公釐的珠串較常見，超過8.5公釐以上的日本珠價格比較貴。

❸ 形狀：以市場角度而言，外形越圓的珍珠越貴，原因在於養殖珍珠乃生物現象，非人為所能掌控，完美圓形的珍珠大概只占總產量的5%左

南洋金珠。克拉多珠寶提供

右，所以越圓的珍珠在市場上叫價越高，不過其他形狀的珍珠也逐漸
受到消費者青睞，身價日益看俏。

❹光澤：珍珠的表面光澤與珍珠層的厚度有關，珍珠層紮實且
　厚度夠的話，表面光澤較銳利而明亮。整體說來南洋珠
　一般光澤較佳，高品質的珍珠表面光澤就如鏡子般光
　亮耀眼，要達到鏡面般的光澤，珠層厚度至少要超
　過1公釐以上。評量光澤好壞可利用燈管映在珍珠
　表面的光點來觀察，光點銳利甚至燈管清晰可見
　者當然是光澤很好的囉！

❺瑕疵度：毫無瑕疵的高檔珍珠當然是最好的，但
　價格相對也很高，真正完美無瑕的珍珠可遇不
　可求。在挑選珍珠時對於珍珠的天然瑕疵其實
　不必過度苛求，因為輕微的瑕疵在所難免，而且
　重要的是在製作成珠寶首飾後，能達到最美麗的狀
　態才是最重要的。

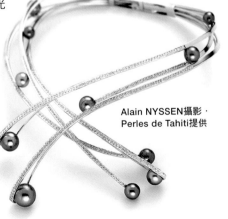

Alain NYSSEN攝影·
Perles de Tahiti提供

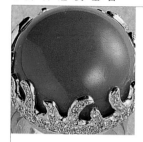

珊瑚

| 誕生於海底的精靈 |

CORAL

溫暖海域中珊瑚蟲攀附於岩礁上，內層的珊瑚蟲逐漸死去，鈣化形成珊瑚的骨架，但外層部分的珊瑚蟲仍然不斷增生，日積月累後形成樹枝狀的珊瑚。珊瑚蟲是一種海底的腔腸動物，所以珊瑚是由動物形成的有機類寶石。珊瑚通常生長在溫暖海域水深一百至數百公尺深的水域當中，僅有少數生長於深達一千多公尺的海裡，太平洋與地中海都是自古以來主要的珊瑚來源。紅色珊瑚是珊瑚中最有價值的一種，其他還有粉紅、白色與黑色的珊瑚。

6
coral profile

珊瑚小檔案

折射率	1.486～1.658
色散率	None
比重	2.6～2.7
硬度	3～4
化學式	$CaCO_3$
寶石種類	有機寶石

佛教七寶之一

珊瑚是佛教七寶之一，它在中國人的世界裡與宗教有很密切的關係，只有得道的高僧與位高權重的君王將相才能擁有。在國外的傳說中，珊瑚也是具有多種功能與治療能力的寶石，因此與珊瑚有關的各種傳說無奇不有。

珊瑚的傳說

希臘神話中有一則關於珊瑚的故事，英雄波修斯（Perseus）為了拯救美女安卓美達（Andromeda）與蛇髮女妖（Medusa）格鬥，但凡是與蛇髮女妖對視的人都會變成石頭，波修斯巧妙地躲避魔女的視線，並將蛇髮女妖的頭砍下，鮮血染紅了波修斯身上的花飾，掉落的花飾變成紅色的寶石，就是珊瑚。

從古羅馬時代，珊瑚就被認為具有護身避邪的功用，人們把珊瑚掛在小孩脖子上保障他們的安全，還可治療不孕症的婦女。在義大利，傳說在嬰兒的搖藍上掛紅珊瑚，能使嬰兒的牙床穩固。玻里尼西亞人相信珊瑚具有止血、驅除邪魔的功用。此外珊瑚還是航海人的守護石，它能平息暴風雨，使

良和時尚珠寶提供

綺麗珊瑚提供

良和時尚珠寶提供

船能順利出海，且能避免暈船。中世紀時，珊瑚更被拿來做成醫療用的藥物，將珊瑚磨成粉與珍珠粉混合，可治療腹痛和嘔吐。

珊瑚的特性

珊瑚是由動物形成的有機寶石，化學成分為碳酸鈣，主要以方解石的形式出現，折射率為1.486～1.658之間，比重2.6～2.7，硬度為3～4之間，與珍珠差不多，未切磨的珊瑚一般表面光澤很差，經球磨後可具有如玻璃狀的光澤。化學物質（如酸或鹼）對珊瑚會造成很大傷害，應盡量避免，佩戴時最好不要與人體汗水、香水或化妝品直接接觸；佩戴後以乾淨的軟布擦拭乾淨，避免汗水殘留造成侵蝕，可延長珊瑚的壽命。

珊瑚的種類

以珊瑚的質地而言，可分成碳酸鈣質形式（Calcareous Coral，業界稱為鈣質型）與貝殼角質形式（Conchiolin Coral，業界稱為角質型）珊瑚，大部分寶石級的珊瑚都是鈣質型的珊瑚，如紅色、粉紅與白色的珊瑚，而黑珊瑚與金珊瑚則屬於角質型的珊瑚。

● **紅珊瑚**：顏色鮮豔的紅色珊瑚是市場上的主流，也是珊瑚中價格最高的一種，如果是整株完整、顏色鮮豔亮麗的紅珊瑚更是價格不菲，紅色是中國人最吉祥的顏色，因此紅珊瑚是中國人最喜歡的珊瑚品種，顏色濃艷的阿卡（Aka）赤紅珊瑚，是價格最高的紅珊瑚品種。台灣是紅色珊瑚相當重要的產地，出產的珊瑚品質聞名國際市場，珊瑚的加工技術也傲視全球，一度是名聞遐邇的「珊瑚王

coral story
珊 | 瑚 | 的 | 產 | 地

碳酸鈣質的珊瑚主要產於澳洲、菲律賓、馬來西亞、台灣、日本、愛爾蘭與地中海沿岸的阿爾及利亞、法國、義大利、摩洛哥與突尼西亞等國。

阿卡珊瑚。
簡宏道提供

色彩鮮豔的紅珊瑚飾品。金匠珠寶提供

國」，近幾年雖因海域污染造成珊瑚產量大不如前，但是台灣珊瑚出口仍居世界之冠。

• **粉紅珊瑚**：被譽為「天使肌膚」（Angel skin）的粉紅色珊瑚是歐美人士的最愛，淡紅色的珊瑚就像是天使柔嫩的肌膚，所以有天使肌膚這個美麗的名稱，顏色均勻的粉紅色珊瑚價格也不低，在國際市場上相當受歡迎。

• **白珊瑚**：泛指所有白色的珊瑚，白珊瑚產於台灣與日本，大部分的白珊瑚多以整株做為觀賞，在珠寶市場上，白珊瑚珠寶首飾也多保留其原枝的形狀，挑選時以型態外觀美麗為重點。

白珊瑚。
簡宏道提供

• **黑珊瑚**：黑色珊瑚在業界又被稱為王者珊瑚（King's Coral），可以長到3公尺的高度，通常呈樹枝狀，黑珊瑚是屬於角質型的珊瑚，韌度稍微比碳酸鈣質的紅珊瑚高一些，比重則較碳酸鈣質的珊瑚低，大約只有1.34至1.46之間，產量不多，珠寶市場上高品質黑珊瑚非常稀少，主要產於夏威夷。

● **金珊瑚**：金珊瑚與黑珊瑚都屬於角質型珊瑚，呈樹枝狀結構，軸骨從褐色、紅褐色至黑色都有，金色珊瑚也有許多不同品種，但產量都不多，高品質金珊瑚價格非常高，主要產於東沙群島與夏威夷群島。

珊瑚的仿品

珊瑚的仿品多半是人工合成的製品，材質非常多，有玻璃、矽膠、石膏、橡膠等混合仿製成珊瑚的樣子，但這種人工製品一般顏色非常均勻，而且無法仿製出珊瑚天然的生長結構，有經驗的人憑肉眼就能辨識出仿品與天然珊瑚的不同。

金珊瑚。簡宏道提供

Tips ▸▸ 選購 ｜珊瑚｜小祕訣

❶ 形式：市場上的珊瑚多半是維持其特有的樹枝狀外型或是磨成圓珠狀，也有磨成蛋面或做成雕刻品的珊瑚飾品。

❷ 顏色：珊瑚以紅色珊瑚價值最高，但要注意的是顏色的均勻與否會影響價格，且差距很大，最好是沒有任何白色斑點與裂紋、光澤又佳者，顏色愈紅價格愈高。

❸ 測試：因為紅色是價值最高的，有些珊瑚會經染色處理，染色的珊瑚會褪色，用棉花棒沾一點溶劑在不顯眼的部分做測試，染色珊瑚顏色會被溶劑溶解出來，但一般說來消費者不可能在珠寶店做這種測試，所以最好是以顯微鏡觀察是否經染色處理。

❹ 佩戴與存放：珊瑚是需要細心呵護的寶石，它與珍珠相同，都很怕酸的侵蝕，所以珊瑚飾品一定是最後才佩戴，並盡量避免與肌膚直接接觸，以免汗水殘留，使其喪失原有的光澤；而且佩戴時盡量不要噴灑香水、髮膠等物品，並避免碰觸油脂、污漬等；佩戴過後以軟綿布輕輕擦拭殘留的污垢與汗漬，並與其他珠寶首飾分開存放，避免刮傷，可使珊瑚長保最佳狀態。

深水黑珊瑚。簡宏道提供

完整的紅珊瑚原枝。綺麗珊瑚提供

象牙 |大象的牙齒|

IVORY

ivory profile

象牙指的是大象那兩根長長的門牙，潔淨的乳白色是它廣受喜愛的原因之一。象牙雕刻品出現在許多著名的古文明國家，很早就與人類文化關係密切，一直以來都是最受人喜歡的工藝品之一。它所代表的文化意涵也是無人能出其右。隨著國際限制象牙買賣以來，象牙的數量已大幅減少，現今許多替代物品已逐漸取代象牙的地位。

象牙小檔案

折射率	1.540
色散率	None
比重	1.7～2.0
硬度	2～3
化學式	鈣磷酸鹽
寶石種類	有機寶石

風格現代的象牙雕刻。
伊勢丹珠寶提供

象牙的特性

象牙主要成分是鈣磷酸鹽（Calcium phosphate），折射率約為1.540，比重1.7～2.0，硬度2～3之間，易於雕刻的特性讓它成為最受歡迎的印章材質，中國的牙雕業更是執世界之牛耳，著名的象牙球雕刻風靡全球，故宮博物院中的象牙雕刻品就是最好的例證。象牙的鑑定依據在於其結構紋路，用燈光照射可看到線條交錯的網狀格子紋路，稱為螺旋紋效應（Engine-Turned Effect）。

此外高熱會導致象牙縮水或變色，長時間的陽光照射會使象牙變黃，強酸也會導致象牙變質，應該盡量避免。

印章上端清晰的螺旋紋，是重要鑑定依據。
廖家威攝影・伊勢丹珠寶提供

植物象牙雕件。吳照明老師提供

象牙的仿品

象牙買賣的管制讓象牙替代品受到矚目，最被推廣的取代材質就是植物象牙（Vegetable Ivory），它是生長於南美洲熱帶地

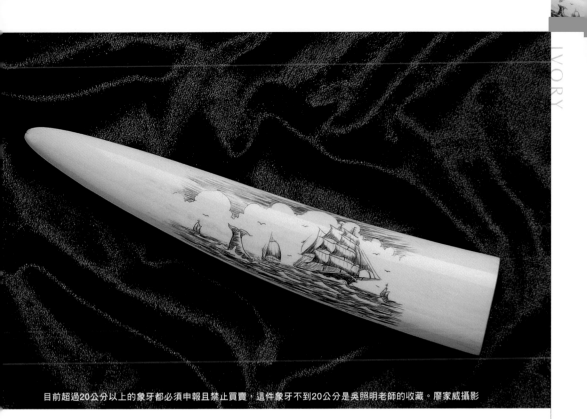

目前超過20公分以上的象牙都必須申報且禁止買賣，這件象牙不到20公分是吳照明老師的收藏。廖家威攝影

區的椰子樹或非洲一種棕櫚樹的果核，這種果核被名為象牙果，能長到如雞蛋一般的大小，雖然沒有真正象牙那麼大，卻已足夠做成小型的牙雕飾品，而且外型與真正的象牙極為相似，因為取之於植物，所以原料取得不虞匱乏，價格也較象牙便宜。

ivory story

象｜牙｜的｜產｜地

品質最佳的象牙來自非洲象，象牙的紋路較不明顯而且顏色純淨，其他象牙的來源還有緬甸、印度、印尼與歐洲。

Tips ▶▶ 選購 ｜象牙｜小祕訣

❶ 目前象牙的雕刻品已不多見，除了一些古董店有些象牙雕刻工藝品之外，市面上還可以看到的多半是印材。

❷ 正確的象牙顏色應該是乳白色，如果非常白的象牙有可能是漂白的結果，可用燈光照射象牙觀察是否有所謂的交錯「螺旋紋」，如果沒有，還是盡量避免購買。

琥珀 ｜穿越時空的寶石｜

AMBER

amber
profile

多年前一部電影《侏儸紀公園》在全球掀
起一股琥珀狂熱，許多人至今都還記憶猶
新，片中那塊內部有一隻蚊子的琥珀讓生
存於侏儸紀時代的恐龍再現，引發了一連
串的故事，雖然這只是製片者的創意，卻
點出琥珀穿越時空的特性，留給世人更多
遐想的空間。

含有蟲子的琥珀。
丹麥琥珀屋提供

琥珀小檔案

折射率	1.540
色散率	None
比重	1.00～1.08
硬度	2～2.5
化學式	$C_{10}H_{16}O$
寶石種類	有機寶石

百萬年以上的化石

　　琥珀是古代松樹流下的樹脂埋入地底至少長達百萬年以上，樹
脂硬化變成的化石，最早形成的琥珀可回溯至距今超過五千萬年
前的始新世（Eocene）時期，一直到距今百萬年前的樹脂化石都
可稱為琥珀。尚未硬化的樹脂經常會將蚊子、螞蟻等小昆蟲包覆
其中，待硬化成為化石後，這些長眠於琥珀內的小昆蟲就此被保
留下來，這些小昆蟲的特徵是提供專家學者們研究地質歷史與生
物演化的重要資訊。琥珀歷經數千萬年的地質年代，成為地質研
究上相當重要的年代考據資料，這也是琥珀吸引人的地方。

　　它除了是見證地球演化的最佳佐證之外，與人類歷史文化更有
著密不可分的關係，不管古今中外，琥珀在歷史文化中都扮
演著相當重要的角色。而且琥珀也是佛教七寶之
一，與宗教的關係更不在話下。

質樸中見華美的套鍊設計。丹麥琥珀屋提供

琥珀的傳說

　　中國的古老傳說中，琥珀是老虎靈魂變成的寶石，
古書上有些關於琥珀的記載，因此將琥珀寫成「虎

各式各樣的琥珀圓珠，充滿趣味。丹麥琥珀屋提供

魄」，意指老虎的魂魄。無獨有偶，希臘神話中也有一則與琥珀來源有關的神話，太陽之子費頓（Phaethon）央求父親讓他駕駛太陽的火戰車，但因技巧生疏，拉車的天馬突然失控衝向地面，費頓與火戰車一起掉入河中身亡，費頓的姐妹們悲傷萬分、淚流滿面，後來變成了一株株的白楊樹，樹上不斷流出的汁液流到了地面，凝固後成了琥珀。

除了神話以外，關於琥珀的傳說很多，據說戴著琥珀說謊會讓人窒息，趁著人睡覺時將琥珀放在他的胸前，就會招出所有的壞事。過去更將琥珀當成治療疾病的藥物，中世紀的醫術將琥珀磨成粉加水，用來治療胃痛及惡寒；還有利用燃燒後的琥珀蒸氣幫助產婦輕鬆生產。但在古代醫療運用上，琥珀最大的功用在於治療喉嚨的疾病，在脖子上掛琥珀項鍊可以預防及治療喉嚨的異常現象。

amber story

蜜｜蠟｜就｜是｜琥｜珀

不少人相信蜜蠟的磁場功能可避邪、養身、健身，也是吉祥富貴的表徵。其實蜜蠟就是琥珀，市售的琥珀以其透明度分成琥珀與蜜蠟兩種，這兩個名稱只是透明度的差別，並沒有貴賤之分，兩者英文都以Amber稱之。琥珀在佛門中被奉為七大聖品之一，認為其可帶動靈氣運轉。而《本草綱目》也記載：「琥珀安五臟、定魂魄、消瘀血、療蠱毒、破結痂、生血生肌、安胎。」堪稱中醫五寶之一。

琥珀與蜜蠟的特性

市售的琥珀以其透明度分成琥珀與蜜蠟兩種。整體說來琥珀並沒有種類的區分，而市場上琥珀的銷售名稱有以紅色著稱的「血珀」，還有以產地為名的「波羅的海琥珀」等，這些都是琥珀的名稱而非種類，所以不管是什麼名稱指的都是琥珀。

琥珀的顏色自淡黃色、金黃、橘黃至紅色都有，也有一些較少見的綠色或藍色琥珀，折射率為1.540，硬度只有2～2.5，要小心容易刮傷，比重很輕只有1.00～1.08，有時會因為含有較重的內含物讓比重稍高，但最高也不超過1.3，所以琥珀在飽和食鹽水中會上浮，這使得它與其他材質所製作的琥珀仿品（如玻璃等）很容易區別出來。用布摩擦可使琥珀帶靜電，吸附細小的粒子與灰塵；另外，真正的琥珀摩擦後可聞到松香味，這也可以作為輔佐的鑑定依據。

琥珀的處理

以浸油加熱的方式讓琥珀的顏色更為金黃耀眼，或者將原本透度不高的蜜蠟變成晶瑩剔透的金黃色琥珀，這種處理相當持久而穩定，但是琥珀可能因此變得較為脆弱，遇熱或加壓可能導致碎裂，這種處理的鑑別需要以放大鏡觀察琥珀內部是否有加熱後產生的亮片紋路。

琥珀的仿品

amber story

琥│珀│的│產│地

最著名的琥珀產地是波羅的海地區，如立陶宛、波蘭、俄羅斯等，其他產地還有多明尼加、墨西哥、美國、德國、法國、義大利、捷克與羅馬尼亞等。

• **合成製品**：是以合成樹脂或玻璃、塑膠等物質做成的人工製品，這種以比重就能輕易區分出來，一般這些製品的比重都比天然琥珀高，在飽和食鹽水中會下沉，而天然琥珀會浮起來。

• **科巴（Copal）**：與琥珀相同材質的新樹脂（new resin），市場上稱之為科巴，因為同為

樹脂硬化的產物，所以比重也與琥珀
相同，只是年代少了很多，真正的琥
珀必須在地底埋藏百萬年之久，但科巴
是近代形成的樹脂化石，年代通常很短，甚至不到
一千年，所以質地較脆，需以其年代與內含物鑑
別為科巴或是琥珀，而且科巴的價位比起琥珀
低許多。

透明度極高的各類琥珀飾品。
丹麥琥珀屋提供

• **再製琥珀（Amberoid）**：將細碎的琥珀加熱溶
解後，以液壓將之重新壓製成塊狀的琥珀，有時在壓製過程中還
會加入亞麻子油讓顏色更濃，這種再製琥珀會破壞天然琥珀形成
時的流紋結構，可以用放大鏡觀察鑑定是否為天然琥珀或再製琥
珀，兩者價差也很大。

Tips ▸▸ 選購 | 琥珀 | 小祕訣

❶ 琥珀形式：琥珀以各種不同形狀出現在市場上，許多是不經切割只有拋
光的塊狀琥珀，有些會磨成圓珠串成念珠或項鍊，還有經過雕刻的琥珀
飾品也很常見，不過含有昆蟲內含物的琥珀通常不經任何切磨，而是直
接整塊銷售，因為這種昆蟲琥珀的價值就在於它的內含物。

❷ 鑑定方式：天然琥珀在飽和食鹽水中會浮起來，這是最佳的鑑定方式；
另外摩擦琥珀產生的松香味也是很好的判定方式，一般說來科巴與再製
琥珀比較不會散發天然的松香味，不過最正確的鑑別還是以放大鏡觀察
為準。

❸ 質地與顏色：挑選琥珀時以其質地與顏色為重要考量，通常是質地越透
明、沒有裂紋品質較佳；而顏色以深金黃或黃橘色等級較高，價位也會
比較高一些，不過顏色的挑選以個人喜好為依歸，也有人喜歡紅色的血
珀或顏色較淡的琥珀。

❹ 佩帶與存放：佩帶琥珀飾品要注意避免碰撞或刮傷，因為琥珀的硬度與
韌度都比其他寶石低，所以除了佩帶時要注意之外，存放時最好與其他
寶石分開放置，避免與其他珠寶碰撞而有刮痕。

115

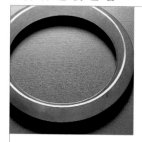

翡翠 ｜溫柔婉約的大家閨秀｜
JADEITE

最能代表中國人的寶石非「翡翠」莫屬了，翡翠溫婉含蓄的氣質彷若大家閨秀，是其他寶石無法相提並論的，這就是翡翠獨特的魅力所在。許多我們所熟知的名女人都是翡翠的愛好者，如慈禧太后、蔣宋美玲，都對翡翠情有獨鍾，政治圈的名女人宗才怡也曾因手上一只通透的翡翠玉鐲，據說價值上千萬而喧騰一時。翡翠溫潤的質感與瀲灩的光芒使它在中國人的珠寶銷售市場中一枝獨秀，連國際知名珠寶品牌香奈兒都曾專門為翡翠設計珠寶款式。

jadeite profile

翡翠小檔案

折射率	1.665～1.680
色散率	無
比重	3.32～3.36
硬度	6.5～7
化學成分	輝石類，主要是 $NaAlSi_2O_6$
寶石種類	聚合體Aggregate

認識翡翠前先要了解「玉」

要談翡翠首先要先了解「玉」，漢朝許慎所撰寫的《說文解字》中，為「玉」下了一個簡單明瞭的定義：「石之美者謂之玉」，這個定義不但說明了玉與中華文化的淵源，更彰顯了玉在中國人心目中的地位。雖然當時許慎所指的玉並非我們今天所談的翡翠，因為在漢朝的時候被名為翡翠的硬玉還沒有傳入中國，所以在當時所謂的玉並不是翡翠，而是泛指所有美麗的石頭，古人將所有稀少珍貴的石頭都以玉為名。玉被界定為寶石的名稱其實是在人們開始研究寶石學之後，寶石學上所指的玉（Jade）是只針對硬玉（Jadeite Jade）與軟玉（Nephrite Jade）而言。

翡翠名稱的由來

翡翠英文名稱Jadeite，源自Jade這個字，其歷史遠溯至西班牙人遠征中南美洲的時代，他們發現當地的土著用一種韌性很強的石頭當作武器或斧頭，這種石頭不易斷裂，被稱為piedra de

顏色滿綠，質地通透的上等翡翠玉鐲。

ijada，意思是臀部的石頭，當地人認為這種石頭有治療與保護腎臟的功能，並以此為名。這種寶石很快的被帶到歐洲流傳開來，1863年法國礦物學家德穆爾分析出這些被稱為玉的礦物有兩種，依照這兩種不同特性與硬度的玉，將兩者分別命名為硬玉與軟玉，此後寶石學便以此標準當作玉的定義。

然而這並沒有說明中國人為什麼將硬玉名為翡翠，嚴格說來，翡翠是硬玉的一種，珠寶市場上已經將翡翠運用於所有硬玉上了。最主要的原因大概是提高所有硬玉的身價，再者又可以跟同被稱為玉的軟玉區隔開來吧！

翡翠本來是一種鳥的名稱，有長長的鳥喙，羽毛是鮮豔的翠綠色，在古代是象徵吉祥的美麗小鳥，而牠羽毛一樣美麗的翠玉就以牠為名了，這便是翡翠中文名稱的由來。但也有人說「翡」指的是紅色，「翠」指的是綠色，所以應該是同時帶有紅色與綠色的硬玉才能被稱為翡翠。不管怎麼說，翡翠聽起來都比硬梆梆的硬玉要悅耳多了吧！

翡翠與中國的淵源

既然提到中國人對翡翠的情有獨鍾，我們似乎該來了解一下翡翠是什麼時候與中國結下不解之緣的。坊間的說法有很多，但較可信的是在清朝乾隆國力鼎盛的時候，約十八世紀左右，當時現今緬甸一帶的國家都是中國的藩屬，而翡翠應該就是藩屬進貢時才帶入中國的。

乾隆時期的雲南知事所撰之《滇海虞衡志》中曾提到：「玉出於南金沙江，江昔為騰越所屬……中多玉，夷人採之……解之見翡翠，平地暴富矣……。」所說的內容與現今的翡翠最為符合；另外根據《光緒雲南通志》的記載，自清乾隆十六年以後，緬甸國王才開始進貢，貢品中除當地物品外還有貴重的翡翠與紅藍寶石等尊貴贈品。另外，故宮文物中，清代以前的玉石收藏品中並

白翡樹葉別針。Sifen Chang張煦棻提供

沒有翡翠製品，也可以作為佐證。不過歷史的考據是以目前所發現的資料推估出來的，也許以後會有更新的發現，證明翡翠其實更早就出現在中國歷史中也是有可能的呢！

翡翠的美麗傳說

　　中國人對翡翠的執著愛戀，可能是任何其他寶石所不能比擬的；如果要深究為什麼中國人會對它如此癡狂，大概是翡翠口耳相傳的種種傳說吧！中國人相信佩戴翡翠能趨吉避邪，當佩戴者大難臨頭時，它會為主人擋掉噩運，為保護主人甚至不惜粉身碎骨，經常聽說某人戴了翡翠玉鐲意外失足從高處跌下，鐲子摔斷了，但人卻奇蹟似的無任何損傷，到底是命大還是翡翠真有神奇力量，我們無從得知，不過以翡翠當作護身符的人確實不少。

電視古裝劇中常看到女主角以玉珮送給鍾情的男子當作定情物，這可是有典故的。據說是有位青年追著一隻色彩斑斕的蝴蝶，無意間誤入了大戶人家的後花園，僕役們捉住他正要一陣拳打腳踢時，正巧大戶人家的女兒經過解救了他，這大戶人家的女兒對青年一見鍾情，兩人墜入愛河並結婚了，此後雕成蝴蝶形狀的翡翠就成了維繫男女感情的護身符，並成為古代女性送給心上人的信物。雖然這可能是稗官野史，但卻成了翡翠迷人的佳話。

雖然翡翠的傳說在中國多不勝數，不過認為翡翠具有神奇力量的可不只有中國人喔！在西方，翡翠的神奇力量不只避邪而已，他們相信翡翠治療眼疾很有效，只要將它輕輕放在眼瞼上或用浸泡過翡翠的水洗眼睛，就能治癒眼疾。甚至還有一種說法是將翡翠磨成粉用水溶化做成糖果，連續吃一年後，落水不會淹死、陷入火海也不會被燒傷，雖然沒有科學根據卻是蠻有意思的傳說。

在日本有一個關於翡翠的故事。話說現今日本新潟，古代叫做越國，有一位面貌姣好的公主奴奈川，非常喜歡當地產的一種綠色石頭，她用這種石頭做成項鍊並隨時戴著；出雲國的國王仰慕公主美麗的容顏，展開熱烈的追求，兩人一見鍾情，沒多久就結婚了，但兩人都熱衷權力，導致婚姻破裂，出雲國後來以武力征服越國，據說就是為了這種綠色的美麗石頭，此後這種石頭才開始在日本各地散布開來，後來的人們證明這種石頭就是翡翠。

jadeite story

什｜麼｜是｜水｜頭

水頭是翡翠的專用術語，其實水頭的優劣完全取決於翡翠的質地，翡翠的結晶顆粒愈細、質地愈緊密，水頭就愈好，水頭好的叫飽滿，不好的則說水頭差，甚至是沒有水頭；所謂水頭好指的是翡翠切磨成成品後，圓滑的部分在燈光下盈潤飽滿的視覺效果，燈光的光點隨著翡翠移動的時候好像是有水在翡翠中流動的感覺。翡翠原石業者在原石上看水頭飽與否，是以一張黑色卡片遮住原石開窗面之光線，由光源另一側檢視翡翠透光度來判斷。

翡翠的特性

在寶石學上翡翠是硬玉的一種，而硬玉在礦物學上屬於輝石類，其主要成分是鈉鋁矽酸鹽（$NaAlSi_2O_6$），折射率為 $1.665 \sim 1.680$，比重 3.34 左右，硬度 $6.5 \sim 7$，韌度屬極佳等級。硬玉與軟玉的韌

老坑玻璃種的翡翠極品最受消費者喜愛，價格屢創新高。喜寶珠寶提供

度是所有寶石中最高的，甚至比硬度最高的鑽石還高，所以比鑽
石更不易斷裂。在這裡可能會有許多消費者對這個特性質疑，鑽
石不是最硬的嗎？怎麼會比鑽石還「硬」呢？沒錯，鑽石是所有
寶石當中硬度最高的，但寶石學中的「硬度」，指的是抵抗受刮
磨的程度而非斷裂的程度，而「韌度」，指的才是寶石抵禦外力
時容易斷裂與否的程度，中文「硬」這個字容易讓人產生堅硬的
聯想，所以導致許多人的誤解，其實玉是所有寶石中最堅韌的。
而軟玉與硬玉兩者比起來，軟玉韌度還要更高一點。

以化學成分來看，翡翠並不是單一礦物成分的寶石，而是鈉鋁矽酸鹽的多種礦物聚合體，因其所含的致色元素不同，所以有很多不同的顏色。最受喜愛、價格也最高的綠色是因為含有鉻的關係；而較暗的墨綠色主要是因為有鐵；深受年輕人喜愛的紫羅蘭是因為含有錳；而黃色與紅色翡翠則是因為翡翠中的鐵氧化形成氧化鐵的結果，黃色翡翠是含有褐鐵礦，紅色翡翠則為赤鐵礦。

翡翠的種類

翡翠的分類可是一門很大的學問，怎麼說呢？因為翡翠與中國的淵源如此之深，不只有寶石學家還有歷史學家、翡翠業者，甚至翡翠礦區的採礦者都各有一套說法，所以翡翠的分類經常有新名詞出現，有時讓消費者一頭霧水，甚至業者自己也搞不清楚，一般在市場上通用的還是以翡翠的顏色與種地來區分，所以我們就以「色」與「種」來為翡翠做分類吧！

紫羅蘭翡翠顏色討喜，博受青睞。喜寶珠寶提供

以「色」分類

首先，顏色是影響翡翠價格最直接的因素，翠綠色是價格最高的，屢屢在拍賣會上創下價格新高的也以綠色為主，而且因為市場上普遍都認為綠色才好，使得所有綠色翡翠的價位也都跟著水漲船高。不過要提醒消費者，綠色價格最高並非就代表是最好的顏色，一來因為翡翠的顏色判別較為主觀，完全視個人喜好而有不同的評斷，並不是哪個顏色好哪個顏色不好；二來綠色的色調是否符合真正所謂高檔色料對價格有很大的影響，只要稍微偏差一點，價格就有相當大的差別，所以翡翠顏色的分類並不像鑽石顏色級數的差異，只能以最多數人的喜好來評定價位高低，這是翡翠與其他寶石不同的地方，也是最耐人尋味的參考指標。

翡翠顏色的名詞常因市場上有新品出現而稍有變化，不過以市場角度而言，依舊以原先的稱呼為正統說法，以市場上的名詞為翡翠的顏色做解說。

● **老坑**：顏色翠綠的翡翠，翡翠顏色最高極致，也是最多人喜愛的正綠色翡翠，更具體一點說是要達到所謂「正、濃、陽、勻」四大標準者才稱得上是老坑，所謂「正」是指顏色要是正綠色，不能有偏藍或偏黃等其他色調；「濃」是顏色的濃度要夠，太深會讓翡翠顏色變暗，太淺也不符合顏色標準；「陽」指的是顏色必須鮮豔而不能感覺黯淡；「勻」是指顏色要均勻；這是評估翡翠顏色的四個最重要指標，當然就是直接影響價錢的主要考量了。也有人認為除了顏色，質地也要高等才能稱為老坑，而顏色老坑、質地上等的翡翠則以「老坑玻璃種」來稱呼，更能彰顯它獨特的身價。

● **金絲種**：翡翠的綠色呈絲狀分布，以放大鏡觀察，顏色是平行排列的，如果質地細密、絲狀分布的顏色排列又緊密，翡翠會有亮麗的光彩，價格也很高，不過若顏色稀稀落落，價格就低了。

● **白底青**：鮮豔的綠色襯在底色較白的翡翠上稱為白底青，因為

有白色的輝映，使綠色更為突出，但是這種翡翠一般質地較不透明，其間夾雜團塊狀的綠色，綠白分明，是翡翠頗受歡迎的品種之一。

• **芙蓉種**：淡淡綠色調的翡翠稱為芙蓉種，含有這種顏色的翡翠質地多半介於透明與不透明之間，若有似無的綠色調看起來很清爽。

• **豆青**：會有這種顏色的翡翠多半是豆種的質地比較多，綠色呈顆粒狀點點分布於玉石中，這種顏色美的豆青翡翠業者常會以「顏色很嬌」來形容，因為這種翡翠多半質地稍為差一點。

• **花青**：顏色呈脈狀不規則散布於翡翠中，形成花面紋路，故稱花青。這種形式的翡翠做成雕件比較多，因為花青的顏色一般不均勻，而且多半顆粒較粗，是作為巧雕與花件最好的材料。這種翡翠在市場上相當多，玉市中就有很多是屬於這種。

• **油青**：翡翠表面看起來具油狀光澤，所以被稱為油青，一般多呈暗綠色並帶有灰色調或偏藍色調，雖然是綠色翡翠，但顏色較為沉悶，價格不高。

• **乾青**：乾青的顏色通常蠻綠的，但質地很乾且不透明，因此被稱為乾青。事實上，乾青能否被稱為翡翠，曾有一段時間在珠寶市場上引起很大的爭議，它的綠是由於鉻離子取代了翡翠成分中的鋁，形成礦物學上所稱的鈉鉻輝石（$NaCrSi_2O_6$）這種共生礦物，不過因為這種礦物本來就與翡翠共生，只是在乾青的成分中含量非常高，所以仍被列為翡翠的一種。

• **鐵龍生**：目前市面上有一種新的翡翠名稱叫做鐵龍生或天龍生，這個名稱是從香港的翡翠專家與玉石商人傳入台灣的，專指鈉鉻輝石含量較高的翡翠，以顏色的分類而言應該也是屬於乾青的一種，但鐵龍生的翡翠中鈉鉻輝石的含量不像乾青

油青種的翡翠雕刻成可愛的動物造型。

那麼高，所以將它另外分成一種新的種類。鐵龍生的翡翠非常綠，比較沒有其他乾青種的翡翠有明顯的墨綠或黑色斑點，切磨成很薄的一片可以透光，目前有許多以鐵龍生的翡翠經優化處理改善透明度後，非常翠綠價格又便宜，有不錯的銷售成績。

顏色如此鮮艷且質地又佳的紫羅蘭翡翠對鐲相當難得。喜寶珠寶提供

● **紫羅蘭**：紫色的翡翠稱為紫羅蘭，英文將這種顏色稱為薰衣草（Lavender）。翡翠的紫一般不像綠色那樣濃郁，若有似無的頗受年輕族群喜愛，有粉紫、紫紅、紫色與藍紫色。

● **紅翡**：紅色的翡翠，紅色其實是原石氧化的結果，尤其是原石的表面受到風化侵蝕，使翡翠中的鐵元素氧化，便產生這種紅色的現象，所以大部分紅色的翡翠質地稍差，顏色偏紅棕色。

● **蜜糖**：黃、橙黃至淺黃褐色的翡翠皆稱蜜糖或蜜糖黃，也是鐵氧化的結果，靠近翡翠原石俗稱玉皮的部位經常有這種蜜糖色，如果質地佳看起來像糖果般，也頗受人喜愛。

● **福祿壽**：翡翠同時出現三種顏色，俗稱三彩，業者將之稱為福祿壽寓意吉祥，通常是紅、綠與紫色。

● **福祿壽喜**：同時出現紅、綠、紫與白四個顏色的翡翠。

● **五福臨門**：翡翠的五個顏色都在同一塊玉石中出現，稱為五福臨門，不只名稱吉祥，紅、黃、綠、白、紫五種顏色同時出現實屬難得，如果質地又好、顏色均勻，可就價格不菲了。

以「種」分類

接下來，我們來了解一下什麼是「種」。也有人稱為「種地」或「質地」，種是翡翠質地的分類，指翡翠的結構細密程度、結晶顆粒均勻程度，與整體透明程度，香港人稱之為「底仗」或

福祿壽三色翡翠戒。

「地子」。就市場上常見的
翡翠質地，由透明度高至
低排列，依序如下：

• **玻璃種**：質地最好的
等級，質地均勻緻密
而澄澈透明，顧名思
義就是有如玻璃般的清
澈透明。這種翡翠放在手
心，掌中的紋路幾乎清晰可
見。不過真正屬於這種等級種地

玻璃種翡翠套件。米蘭珠寶提供

的翡翠不多，通常是無色翡翠才能見到這樣的透明度。

• **冰種**：質地如冰塊般晶瑩剔透，透明度亦佳，用燈光從翡翠的
後面照射，光線可以全部透過去，種地等級僅次於玻璃種，大
部分高檔翡翠多屬此等級，有時可見細小的玉石結晶（俗稱白
花），這是最有溫潤質感的翡翠等級了。

• **糯種**：半透明的質地，光線的穿透性佳，只是無法像冰種般晶
瑩剔透，就像煮熟的糯米似透非透的狀態，價格上與前面兩種有
很大的差異；另一種說法稱之為「化地」，與糯種類似。

• **豆種**：結晶顆粒較粗，呈柱狀或顆粒狀，如豆子般散布於整個
翡翠，用肉眼就可以看到俗稱蒼蠅翅的玉石結晶構造，
透明度較差。

冰種三色翡翠玉鐲。

• **芋頭底**：雖然是種的分類，不過這類的種地習
慣上被稱為芋頭底而非芋頭種，我們還是沿用市
場上的稱呼以芋頭底稱之。質地較差的等級，
質地如芋頭般粗糙、不透明，且顏色偏灰，光線
很難穿透，業界用木頭來形容此種地的翡翠，不
過芋頭底的翡翠也不是完全不透光，若用燈光從它的
背後照射，還是可以看到翡翠的邊緣有光線穿透。

翡翠別針。米蘭珠寶提供

● **不透明**：完全不透明的翡翠，似乎沒有特別的名稱，這種玉在市場上也不多見，不過倒是翡翠處理的最佳材質。市售的翡翠有所謂挖底灌膠的，其質地多半是這種。

綠輝石翡翠（Omphacite Jade）

　　在中國將綠輝石納入翡翠家族成員之後，美國GIA也將綠輝石認為是「玉」的一種，綠輝石是一種礦物，常與翡翠共生，油青種的暗綠色就是含有少量綠輝石之故，以綠輝石成分為主的翡翠則多呈現暗綠色至黑色，透過光線才能看出綠色，市場稱之為墨翠，由於油青種跟墨翠顏色都偏暗，令人誤以為綠輝石是

藍綠色有水頭的綠輝石翡翠市場稱之為藍水料。名威珠寶提供

暗綠色的礦物，其實綠輝石的顏色從淺至幾近無色到淺綠或深綠色都有。

綠輝石，最早於1818年德國研究當中被提出來，其名稱源自希臘文omphax，意思是未成熟的葡萄，即以綠色為其命名。它是矽酸鹽輝石礦物的成員之一，是一種介於富含鈣的輝石和含鈉豐富的翡翠之間的中間礦物，其化學成分為（Ca,Na）（Mg,Fe$_2$+,Al）Si$_2$O$_6$，與翡翠一樣都是單斜晶系結晶，稜柱形結晶經常以孿晶形式出現，具有典型輝石幾近直角相交的兩組解理，有許多與翡翠接近相同的寶石特性，比重3.29至3.39，但綠輝石的韌度差，硬度比翡翠低一點，為5～6。命名為「玉」，通常指的是翡翠組成的岩石，有時也適用於完全綠輝石組成的岩石。在地質學上可以用翡翠或綠輝石的出現作為高壓變質作用的指標。

傳統硬玉質翡翠主要產地僅來自緬甸，而多數綠輝石翡翠多產於瓜地馬拉，市場稱瓜地馬拉產的翡翠為瓜料，讓有些人誤以為綠輝石就是瓜料，其實綠輝石與硬玉原本就可能共生，只不過主

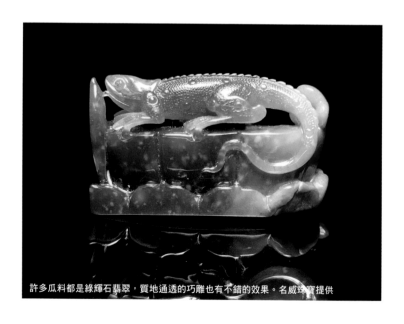

許多瓜料都是綠輝石翡翠，質地通透的巧雕也有不錯的效果。名威珠寶提供

要成分為綠輝石的時候，就稱之為綠輝石翡翠，而硬玉質翡翠則簡稱翡翠，不過在中國不管主要成分是硬玉、綠輝石或是鈉鉻輝石都稱為翡翠，因此單從名稱無法判定翡翠的品種與產地，雖然許多的綠輝石翡翠仍是以暗綠色為主，近年來瓜料中發現不乏顏色翠綠、質地通透的綠輝石翡翠品種，相較於傳統硬玉翡翠幾乎產於緬甸，瓜料有較多的產量可以供應市場，未來後市可期。

玉的仿品：染色瑪瑙戒指與染色石英蛋面。

翡翠的處理

　　翡翠的種與色是影響價格的最主要因素，所以翡翠的處理也以改善這兩種質感為主。挖底填膠與B貨灌膠充填處理多半是要讓翡翠本身的顏色翠綠、賣相佳，是針對改善翡翠種地所做的處理；而染色與加熱處理則是人為致色的結果。

●**挖底填膠**：這是珠寶市場上最常見的產品，尤其是蛋面、馬鞍戒面與雕刻的佛像等玉飾最多，這種翡翠首飾一定要封底，所謂「封底」就是以金屬將翡翠的背面完全封住，成品看不到翡翠的背面，因為這種挖底的翡翠，其實真正是玉的部分只有最外面一層非常薄的翡翠，底下全部是以膠填滿，所以鑲嵌的金屬當然要把背面全部遮起來。不過因為最外面一層翡翠通常是不經其他化學處理的，所以業者仍會告訴消費者翡翠是A貨，不過業者在銷售時應該明確告知這是挖底的翡翠。前面所提的乾青種最常被用來做這種翡翠珠寶飾品，因為顏色非常綠，又切得很薄，大大提高了透光性，做成蛋面、馬鞍或觀音雕像，鑲成珠寶，價格低非常好賣。

切開後的翡翠原石。

129

● B貨灌膠處理：即所謂的B貨，這裡我們以灌膠而非充填來區隔前面所說的挖底填膠，因為B貨的灌膠是將膠類物質注入翡翠之中來固結翡翠的結構，而挖底填膠是將膠類物質附著於翡翠的背面，並沒有注入其中；將膠類物質灌入翡翠之中，主要是為了把被強酸侵蝕而鬆散的翡翠結構黏結起來，所以需用凝結力強的膠來充填，常見的充填物質有環氧樹脂（Opticon）、AB膠等，這些膠類的物質都可以被紅外線掃描偵測出來，近年來也曾聽說業者為預防紅外線掃描偵測出其所充填的物質，而改用玻璃充填物，還可以提高翡翠透明度。不過據了解俗稱的「水玻璃」充填物仍然需有樹脂成分，否則沒有任何黏結力，因此消費者不必過度擔心，在寶石顯微鏡觀察下還是可以看出經處理的翡翠結構已遭破壞的情形，只要是購買有公信力的鑑定所開立的寶石鑑定書，就可以避免買到B貨翡翠；不過有些以樹脂灌入翡翠是為了填補玉石本身的裂紋，以強化翡翠的耐用性，所以鑑定師在鑑定時都會針對翡翠每個部位做確實的鑑定。

● 染色處理：即所謂的C貨，以染劑注入或浸泡玉石，使翡翠呈現嬌豔的翠綠色。過去的染色處理戴久後會褪色，近年來染劑不斷創新，較沒有褪色的問題，而染色處理在一般鑑定所即可輕易檢測出來，所以珠寶店銷售染色翡翠的機率並不高。如果是素質良莠不齊的攤販區，或是中國的玉器市場就要特別小心。另外還有一種以噴漆或塗色方式將

---

jadeite story

翡｜翠｜的｜A｜B｜C

　　接觸過翡翠的人一定聽過所謂的A貨、B貨等商業用語。用A、B、C、D四個字母來代表翡翠的各種意義，原本是商人之間彼此的共通語，因為淺顯易懂遂逐漸廣泛地運用於翡翠的交易市場上。

● 【A貨】完全天然的翡翠，也就是說翡翠原石被挖掘出來後，沒有經過任何化學處理也沒有添加任何外來物質，只經過切磨與拋光之翡翠成品，不管是顏色或質地都是天然的。

● 【B貨】翡翠原石以強酸浸泡以去掉其中雜質，通常還灌入其他物質（一般為樹脂類）來強化翡翠被強酸侵蝕後鬆散的結構，只要有經過酸處理的翡翠都稱為B貨。但B貨並未經過染色處理，所以顏色仍屬天然，經過處理的B貨價格與外型近似的A貨價格相差非常多，甚至可達數十倍以上。

● 【C貨】經過染色的翡翠，顏色是人為製作出來而非天然的，雖然C貨的成分仍是翡翠，但價格比B貨來得低，因為翡翠的顏色是決定價格最重要的因素。

● 【B+C貨】經過B貨與C貨的處理步驟，也就是經過酸洗與染色兩種步驟的翡翠，稱為B+C貨。

● 【D貨】翡翠的代用品，只要不是翡翠而外觀看起來像翡翠，被當作翡翠的物品都稱為D貨，並不是所有的代用品都是人工合成的仿品，有些外觀類似翡翠的天然礦石也屬於此類，如綠玉髓（俗稱澳洲玉）、染色石英、東菱玉等等，另外人工合成仿品有塑膠製品、染色玻璃等。

顏色包覆於玉石之上，用小刀就可刮去，俗稱「刮刮樂玉」。

● **B+C貨**：業界將B貨經過灌膠與染色處理的翡翠稱為B+C貨，通常用於原本質地、顏色皆差的翡翠，經過B+C貨處理的翡翠顏色鮮艷、透明度高，因顏色與質地均經過處理，價格較低。

● **加熱處理**：將翡翠加熱後變成紅色，通常用黃色的翡翠加熱成紅翡的機率較高，此作用的原理是將原本存在玉石中的氧化鐵分子（$Fe_2O_3 \cdot nH_2O$）以加熱方式讓水分子蒸發掉，使紅色的氧化鐵分子顏色顯現出來。經加熱處理的紅翡因為水分子的蒸發看起來質地較乾，以放大鏡觀察時還可能看到因為加熱導致的小裂隙。

翡翠的切磨形式

翡翠首飾所切磨的形狀多半須視翡翠原石的品質而定，市場上最主力的銷售成品是蛋面、手鐲，雕成佩戴玉件的也很多，這是取決於翡翠質地、顏色與原石大小的先天條件，最上等的高檔色

這整片的翡翠原石只能取出一只鐲子。

料以切出翡翠玉鐲或切割成戒面為主，但切割成玉鐲需要原石夠大才可以，而切磨成戒面時對翡翠本身的質地透明度要求較高，所謂好玉不雕就是這個道理，因為最好的玉不需要任何雕工修飾其不完美的部分，因此最好的玉是用來切割成戒面或手鐲的。翡翠成品的良莠在於切磨師傅是否懂得運用翡翠的最佳切磨形式，以下就來了解一下翡翠市場上常見的貨色吧！

• **蛋面**：凸圓狀的翡翠，中央高的半球體狀，厚度要夠、弧度圓滑才是好的蛋面。

• **馬鞍**：多是長條形稍具弧度的戒面，寬窄適中即可，兩端厚度要平均，不可一邊高一邊低。

• **古錢**：圓形面中央有一個小孔稱為古錢，又稱懷古。中央的小孔不能太大，如果孔太大就不能稱為古錢而要稱為壁或環了，壁是中央的小孔直徑達外圍圓直徑的一半，而超過一半以上則稱為環。

• **手鐲**：分為圓鐲與扁鐲，圓鐲就是鐲身為圓的，扁鐲是鐲身內側是平的、外側是圓弧形，舊式的玉鐲以圓鐲居多，扁鐲則較新式，因為內側是平的，所以戴起來較服貼。

• **佛像**：因為信仰的關係切磨成佛像的翡翠相當多，其中又以觀音最多，佛像雕刻最重要的就是法相，除了法相要莊嚴、輪廓要清晰外，面容最好也不要太瘦削，看起來沒有福氣與吉祥的感覺就失去雕刻佛像的意義了。

• **雕件**：只要是有雕刻的都屬於雕件，不管是花牌、花件、巧雕等都是經過雕刻的，雕件的選擇單視個人喜好有所不同，不過大部分翡翠雕刻都會以寓意吉祥的形式為主，常見的有如意、福祿壽、猴抱瓜（馬上發的諧音）、竹節（代表步步高昇）、蟾蜍（台語攢錢的諧音）等等。近年來因為珠寶市場有年輕化趨勢，也開始有許多活潑而可愛的翡翠雕件，如生肖、動物圖形等。

---

jadeite story

翡｜翠｜的｜產｜地

全世界寶石級翡翠主要產地為緬甸，其他國家也有出產，如：中國、日本、瓜地馬拉、墨西哥與美國加州等，但數量不多品質亦較差。

馬鞍翡翠設計鑽戒。Sifen Chang張煦柔提供

Tips ▸▸ 選購 | 翡翠 | 小祕訣

挑選翡翠有所謂的「六字訣」，即「色、透、勻、型、敲、照」；這六個字簡單好記又很符合翡翠挑選的條件，所以就以這六個字來作為挑選翡翠的標準。

❶色：顏色是影響翡翠價格最重要因素，正綠色的價格最高，帶有其他顏色的視顏色的濃淡而有價格上的差異。

❷透：翡翠的透明度，能達到完全透明的翡翠不多，以越清透晶瑩者越佳。這個選擇的標準牽涉到翡翠的水頭，基本上透明度愈高的水頭愈飽滿。

❸勻：翡翠顏色的均勻度，如果是鑲製成珠寶的蛋面、馬鞍或佩帶的雕件尤其重要，但如果是巧雕或是大型雕件只要顏色配合得宜，達到美觀的效果，就不一定要整塊翡翠完全一樣的色調了。

❹型：翡翠的外型，這牽涉到翡翠雕刻的雕工好壞與拋光的質感。以蛋面與馬鞍而言，蛋面最好是凸圓形，不要太扁，與蛋面大小要相互配合，馬鞍厚度適中不能太薄，而且厚薄要一致；如果是雕刻的玉珮則要看雕工的精細與否，尤其是佛像觀音等翡翠墜子法相要好，臉部的輪廓清楚有立體感最好；再來就看拋光的質感好不好，是否連細微部分都有注意到，尤其是有線條的部分更要看清楚拋光的仔細與否。

❺敲：這是專門針對翡翠玉鐲的選擇標準，將翡翠玉鐲懸空吊起，用一枚硬幣輕敲翡翠玉鐲的下端，翡翠鐲子的質地越好，敲起來的聲音越清脆而響亮，有些人也以敲聲音的方式判定翡翠是否經過B貨處理，不過這項測試判定是否為B貨並非100％正確，因為處理技術的發達已經使得有些B貨敲起來的聲音很清脆，若非經常聽玉鐲敲擊的聲音可能會誤判。

❻照：用筆燈或手電筒的燈光透過翡翠檢視其中的瑕疵，翡翠是多晶體聚合的礦物，化學成分又複雜，所以在形成時難免會有一些小裂隙或是內含的他種礦物，這項測試不是要找完全沒有任何瑕疵的翡翠，而是看有沒有較大的裂紋，會不會影響翡翠的耐用性。如果是天然形成的細小石脈紋，只要不影響外觀都屬容許的範圍，但如果是橫過整個翡翠一半以上的裂紋或是明顯的黑色內含物，都會對翡翠價格有重大影響。

墨翠玉手鐲。米蘭珠寶提供

克拉多珠寶提供

135

軟玉 | 中國玉文化的始祖 |

NEPHRITE

體現最完整玉文化的要算是中華文化了，中國數千年的歷史文化中，玉佔了相當重要的地位。從數千年出土的歷史文物看來，以古玉的形制與紋飾最受重視，也最能代表各項文化的特性，絕大多數的古玉都是我們現今所了解的軟玉。根據歷史上的考據，玉出現在人類歷史中超過七千年以上，在中國它常被雕刻成禮器或宗教信仰的形象。在西班牙人還未征服之前的中南美洲，軟玉的價值甚至比黃金還高。

nephrite profile

軟玉小檔案

折射率	1.600～1.630
色散率	無
比重	2.90～3.20
硬度	6～6.5
化學成分	閃石類，$Ca_2(Mg,Fe)_5(Si_4O_{11})_2(OH)_2$
寶石種類	聚合體Aggregate

實用與美觀兼俱

玉的發展在數千年前，從還沒有文字紀錄的石器時代開始，人類就用石頭做為狩獵的武器、生活用品、祭祀用的禮器等，隨著文化逐漸的發展，玉器除了實用價值外還具有美觀的作用，掛在身上作為佩飾，在玉器上雕刻不同的紋樣圖案，不同的紋飾則代表不同時期的文化與意義。

軟玉名稱的由來

軟玉的英文名稱Nephrite源自希臘文，意思是腎臟，這個文字是在西班牙人遠征中南美洲將軟玉傳入歐洲時才有的。最早軟玉與硬玉都被稱為Jade，直到1863年法國礦物學家穆德爾研究證實，英文的Jade是兩種不同的礦物，其中翡翠的硬玉就以Jadeite為名，軟玉則以希臘文的稱呼為根據，命名為Nephrite。早期軟玉尚有另一個稱呼「斧頭石」（axe stone），原因是它具有絕佳的韌度，史前時代的人類已發覺這點，並把它當成斧頭使用。

nephrite story

何|謂|盤|玉

古人常會把珍愛的玉器或玉飾放在手心賞玩，並用大拇指搓揉玉器，稱為「盤玉」，這個動作會讓手上的油脂附著於玉器上使其看來更加溫潤。

高品質青海料軟玉，外觀近似翡翠。簡宏道提供

溫潤的軟玉蛋面。廖家威攝影·伊勢丹珠寶提供

軟玉的特性

我們從軟玉的化學成分來看，可以知道軟玉其實是一種複雜的礦物聚合體，雖然軟玉在礦物學上是屬於閃石類，但其實軟玉是一種介於透閃石（Tremolite）與陽起石（Actinolite）的系列礦物；陽起石是造成綠色軟玉主要的成因，所以綠色的軟玉多半陽起石含量較高，礦物學上是以鐵和鎂在軟玉中的比例多寡來判斷陽起石含量的高低，軟玉所含的鐵除以鐵與鎂含量總和的比例（Fe/Fe+Mg）大於10％時被稱為陽起石軟玉。

軟玉的折射率為1.600～1.630，比重介於2.90到3.20之間，硬度為6～6.5，較翡翠低一點，因此被稱作軟玉；韌度極佳，軟玉與翡翠都具有獨特的纖維狀交鎖結構（interwoven fibrous structure），是所有寶石中韌度最高的；所謂的交鎖結構是指結晶顆粒間彼此緊密連結在一起，就像細小纖維的鏈狀結構一

nephrite story

中│文│硬│玉│與│軟│玉│名│稱│從│何│而│來？

寶石學的Jade（玉）主要是Jadeite跟Nephrite，中文分別名之為硬玉、軟玉，其實是由於硬度的差異，與其名稱來源沒有太大關係，Jadeite硬度6.5～7，Nephrite硬度6～6.5稍低於Jadeite，因此Jadeite便稱為硬玉，就是翡翠，而Nephrite就被稱為軟玉了。

般，在顯微鏡下呈現顆粒間彼此相互盤結交錯的樣子；以軟玉與翡翠相互比較的話，軟玉緊密連結的狀態更勝翡翠，所以軟玉是所有寶石中韌度最強的，比翡翠的韌度還要高。

雕工細膩的羊脂白玉。

常見的軟玉種類

軟玉的商業名稱很多，有些以產地為軟玉的商業名稱，也有些是以顏色來命名，種類的區分並不像翡翠複雜，不過影響軟玉價格最主要的因素依舊是顏色與質地，因此軟玉主要仍以顏色做分類，再依質地而有價格上的差異。

● **白色軟玉**：底色為白色的軟玉稱為白玉，中國新疆和闐所產的白玉是所有白色軟玉中質地等級最高的，顏色潔白、質地細緻無雜質、光澤溫潤有如羊脂一般光滑，又被稱為「羊脂白玉」，但如果顏色不夠白，或有肉眼可見的綿絮狀內含物時，就不能稱為羊脂白玉，只能稱為白玉了。

● **黃色軟玉**：從淡黃色至深黃色的軟玉都算是黃玉，少數黃玉微泛綠色。黃玉的產量稀少，質地細膩的黃玉價值並不亞於羊脂白玉，主要產於新疆的若羌縣；而顏色較深、帶有褐色調的褐黃、褐紅、褐綠色軟玉，則稱為糖玉，糖玉是由於鐵氧化產生近似紅糖的褐色調。

● **貓眼軟玉**：有的軟玉還有一種獨特的貓眼現象，是因為軟玉內含有纖維狀的內含物所形成，纖維狀的內含物通常是石綿。這種具有貓眼現象的軟玉是台灣軟玉中才有的，也被稱為「台灣貓眼」。

台灣貓眼

青白色軟玉。

• **青白色軟玉**：淡綠色的軟玉，新疆出產的青玉也是質地細膩的青玉石，近年來俄羅斯地區也有大量出產。

• **綠色軟玉**：綠色是產地較多的軟玉，軟玉的綠色調也有很多種，從碧綠色到較深的菠菜綠甚至墨綠色都有，紐西蘭的綠石頭（New Zealand Greenstone）就是菠菜綠色的軟玉，台灣玉也是屬於綠色調的軟玉，顏色由綠到墨綠都有。

• **墨玉**：以黑色為主的軟玉稱為墨玉，黑色主要是軟玉中含有細微石墨之故，大部分墨玉經常間雜白或灰白色，成條帶狀、雲霧狀分布，顏色多半不均勻。

依產出地域以「料」稱呼

軟玉市場上，習慣以「料」來稱呼不同環境出產的軟玉，例如從山裡產出的原生礦，稱為山料，經過自然風化、經過流水搬運至河床中開採出來的，多半質地較細，則稱為仔料或子料。此外，「料」也可以用來稱不同產地的軟玉，例如產自和闐的稱為和闐料，青海所產軟玉稱為青海料，現在市場上更有許多來自國外的軟玉，產於俄羅斯的稱俄料，韓國出產的軟玉稱韓料等，這裡所謂的「料」是不同產地的天然軟玉，與後段談的料器仿玉不同，仿玉的料器是人工合成的材質。

nephrite story

軟│玉│的│產│地

軟玉的產量與產地比硬玉多，中國的新疆、台灣、緬甸、紐西蘭的南島、澳洲、加拿大、巴西、墨西哥、新幾內亞、俄羅斯與波蘭都有出產軟玉。台灣出產的軟玉以綠色為主、品質不錯，產於台灣東部花東地區，一度在國際軟玉市場上頗具知名度，所以業界也將軟玉稱為「台灣玉」。

硬玉與軟玉的切割主要在中國的北京、廣東與香港，最早用石英砂切磨拋光，現在多半使用碳化矽成分的金剛砂或鑽石粉拋光。

軟玉的仿品

與軟玉最難區分的應該是同為玉的翡翠了，不過翡翠的市場價值比軟玉還高，所以不會用翡翠來做為軟玉的仿品；而外形近似軟玉的天然礦物，如蛇紋石、大理石、綠玉髓等，這些寶石的特性各不相同，經過基本

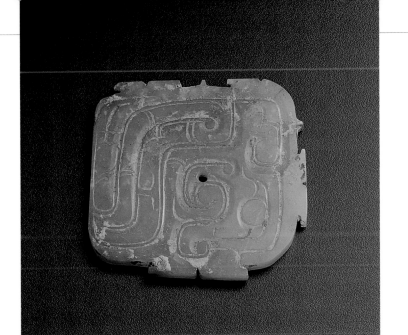

古玉的年代需經古玉專家鑑定，寶石學家其實只能鑑定玉的真偽，無法斷代。

的寶石鑑定，如折射率、比重等測試很容易分辨出來；另外，蛇紋石的顏色一般較淡，大理石經常有雲母、石綿等其他礦物夾雜其中，綠玉髓屬於玉髓類，結晶細密與軟玉的溫潤質感和礦物結構有很大不同，仔細觀察寶石的紋理就可以憑經驗分辨出來。

留意料器仿玉

軟玉仿品比較需要注意的是人工合成的「料器」，料器是用玻璃或石粉壓製成的材料，外觀與白色或黃色的軟玉極為類似，專門仿製產自新疆的和闐玉，在台灣和中國的古董市場中，有很多在料器上製作一些髒污當成古董販賣，甚至在料器上造出紅色或黑色的浸染，做成類似出土文物沁色的效果，仿製古玉的形制以假亂真，消費者要小心為上。不過料器所做出來的仿古玉可以與軟玉的礦物結構相互比較來看出不同。因為料器是用玻璃或石粉壓製而成，所以沒有軟玉的交鎖結構，而且一般過於通透與乾淨；另外，可觀察料器的紋飾可由刀工的刮痕縫隙看出與軟玉雕琢後的光澤差異，這些都可以作為判定軟玉與料器的參考。

古玉首重年代考量

這裡要特別提醒想買古玉的消費者，真假軟玉的區分並不代表真的軟玉就是真正的古玉，購買古玉首重年代考量，否則就不能叫做古玉，古玉的定義根據國際上對古董的衡量標準必須年代超過一百年以上才能稱為古董，一件古玉到底有沒有超過一百年以上的歷史必須由專家鑑定，能為古玉斷定年代的並非寶石學家而應該是歷史與考古學家，每種紋飾代表不同的文化背景與意義，所衍生下來的涵義並不是鑑定真假玉就能判別，當然如果是料器仿玉的話就不需斷代了，那必定是假冒的囉。

Tips ▸▸ 選購│軟玉│小祕訣

❶ 和闐白玉：中國新疆所產的和闐白玉顏色純淨、質地細膩、品質最佳，價格也很高，和闐白玉成為高品質軟玉的代名詞，就像緬甸紅寶一樣，市場上現在將白色至青白色的軟玉皆稱為和闐玉，但並不一定是真正新疆和闐所產的軟玉，由於新疆和闐地歷經多年開採，白玉產量已經逐漸稀少，即使到新疆買的和闐玉也不一定是和闐所產的白玉，購買時須多加留意。

❷ 切割方式：軟玉並沒有一定的切割方式，許多軟玉雕刻成各種雕件當成擺飾，也有做成各式造型飾品佩戴的，譬如磨成圓珠串成手鍊與項鍊，或把小巧可愛的造型雕刻以中國結串起來佩戴。當然還有切割成蛋面鑲嵌的軟玉，但通常較為扁平，因為軟玉的色澤較濃故不需太過圓凸，以免看起來過於厚重。另外，切成手鐲式樣的也很常見，價格較翡翠便宜許多。

❸ 判別古玉：市面上的仿古玉有兩種，一種是料器仿品，純粹是古董贋品，而且價格非常低；另外一種是天然軟玉仿造古玉的形制紋飾做成古玉的樣子，並不是說這種仿古玉的軟玉不好，而是提醒消費者在購買時要注意真正古玉的價錢與這種替代品有極大差異，因為古玉的年代價值超過軟玉本身的價值考量，如果是經專家判定具有歷史年代的古玉，身價自然非比尋常，有興趣的消費者不妨參考國際拍賣公司古董拍賣的紀錄來評估古玉的價值。

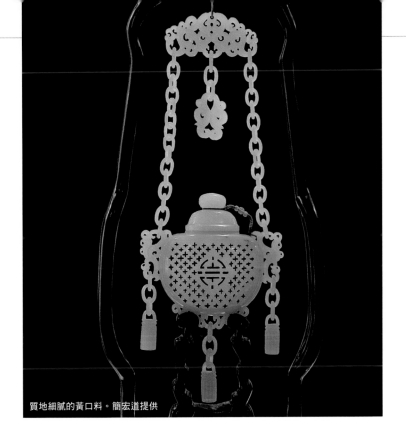

質地細膩的黃口料。簡宏道提供

❹辨識仿品：軟玉與外型近似的天然礦石，如蛇紋石、大理石等之辨識，對於識貨的行家而言並不難，但如果是初次接觸的人可能就不容易了，雖然比重與折射率不同，但若無折射儀無法測得折射率，而比重的差別對於不常接觸的人而言可能也感覺不出來，還是需要鑑定的儀器來測量才能分辨。不過如果以10倍放大鏡仔細觀察軟玉的結構，可以看出結構不同，再依顏色與內含礦物就可以分辨出來。

❺表面光澤：溫潤的質感是軟玉相當獨特的特徵，仔細觀察軟玉的表面光澤與蛇紋石和大理石有極大不同，而且軟玉的硬度較蛇紋石、大理石都高，表面的光亮度也會比較好。

❻冰涼觸感：將軟玉拿起放在手心，軟玉剛觸手時會有天然寶石的冰涼感，而料器所做的仿冒品就不會有玉石冰涼的觸感。另外，料器表面光澤與琢磨後留下的痕跡也與軟玉有明顯差異，用放大鏡仔細觀察可以區辨真偽。

❼溫潤手感：用手撫摸軟玉，溫潤的手感有別於其他類似寶石。

❽貓眼眼線：選購貓眼軟玉時要注意貓眼現象的好壞，好的貓眼現象眼線的位置要在中央，線條要細、直，軟玉的顏色為濃綠或深綠者較佳。

鈉長石

| 玻璃種翡翠
| 最佳代用品

ALBITE

要論玻璃種翡翠的最佳替代品，絕對非鈉長石莫屬，純淨透明的鈉長石外觀與透明無色的玻璃種翡翠幾乎一模一樣，對這種寶石不熟悉的人的確很容易將它誤認為無色的玻璃種翡翠，不過兩者可是有很大的差異，熟悉玉石的人一眼就可以辨識出兩種寶石結構有很大的不同。

albite profile

鈉長石小檔案

折射率	1.52～1.54
色散率	None
比重	2.60～2.63
硬度	6
化學成分	$NaAlSi_3O_8$
寶石種類	三斜晶系Triclinic

宛如翻騰泡沫的內含特徵而得名

　　說起鈉長石或許很多人並不熟悉，但如果說「水沫子」的話，很多人就知道了，水沫子是鈉長石的俗稱，因為在白色或灰白色的鈉長石當中，經常分布了白色的棉狀或團塊狀的內含特徵，很像水中翻騰而起的泡沫，因此被稱為水沫子。

　　在翡翠價格大幅飆漲之後，有些長得像玻璃種翡翠的寶石，像葡萄石、鈉長石等，都被冠上玻璃種翡翠代用品的稱號，但真正與玻璃種翡翠最接近的礦物則非鈉長石莫屬，鈉長石原本就是翡翠圍岩的共生礦物之一，因此外型、特徵與翡翠非常接近，水沫子剛出現在寶石市場的時候，被混充成玻璃種翡翠銷售，使得它背負假翡翠的罪名，從此，翡翠代用品的稱號就成了水沫子擺脫不掉的形象了。

　　晶瑩剔透的質感是水沫子最吸引人的特色，相對於玻璃種翡翠高昂的價位，水沫子剔透的質感非常討喜，價格卻便宜許多，只可惜做為翡翠的代用品，使得水沫子在珠寶業一直背負了替身演員的十字架，一直難以自身的面貌成為寶石世界當中的一員，對水沫子來說無疑是個沉重的負荷，只被當成他種寶石的代用品，水沫子的切磨與造型幾乎

緬甸鈉長石。
簡宏道提供

杜雨潔提供

鈉長石手鐲

與翡翠別無二致，市場上可見的水沫子不是蛋面、手鐲，就是做成雕件銷售，完全沒有水沫子自己的風格與特色，價格也因此難以大幅翻升。

用來當成冰種或玻璃種翡翠替代品的水沫子，通常是白色或接近無色透明的鈉長石，水沫子常見的顏色除了接近無色與白色之外，也有灰白、灰綠白、灰綠等顏色，外觀與翡翠的確非常相近，而且鈉長石經常與翡翠共生，含有許多與翡翠相同的共生礦物，因此擁有與翡翠近似的內含特徵，外觀上也與翡翠非常雷同，不過水沫子的透明度通常比較好一些，水頭、光澤也與翡翠不同，仔細觀察還是能夠分辨兩者的差異。

albite story

何謂鈉長石

長石是地殼當中最常見的礦物之一，鈉長石也經常與許多礦物共生，但是能夠做為寶石的鈉長石多與翡翠共生，以翡翠圍岩的型態產出，因此寶石級的鈉長石產區非常少，目前僅有緬甸。

鈉長石的特性

鈉長石是長石（Feldspar）類礦物的一種，在寶石世界當中最有名的長石類寶石是月光石，不過月光石屬於正長石，鈉長石則為斜長石類，而鈉長石在長石類寶石當中

簡宏道提供

較少被提及，一部分原因是鈉長石過去較少被當成寶石銷售，但最主要的原因是鈉長石雖屬於長石類礦物，卻經常與其他礦物共生，結晶體的鈉長石很少，多半以聚合體的型式產出，因此有些寶石特性與其他長石類礦物寶石稍有不同，經常被當成玉石類寶石看待。

鈉長石為三斜晶系，折射率1.52～1.54，比重2.60，硬度6，與其他長石類寶石一樣有兩組解理，其外觀雖與翡翠近似，但韌度明顯較翡翠差，因此切磨成鐲子的鈉長石配戴時要避免碰撞，以免撞擊到解理方向導致斷裂。除了外觀相近，鈉長石與翡翠的寶石特性明顯不同，翡翠折射率1.665～1.680，比重3.34，很容易就鑑別出來這兩種寶石，反而是石英質類的寶石，在折射率、比重等特性上與鈉長石非常接近，尤其是石英岩，外觀與鈉長石更為接近，手感也很相像，更容易產生混淆，不過石英岩沒有解理，放大觀察可以從結構上看出不同，而且石英岩的硬度高於鈉長石，仔細看兩者的光澤度也有差異，也很容易鑑定出來。

Tips ▸▸ 選購 **鈉長石** 小祕訣

❶ 鈉長石在市場上一直被當成翡翠的代用品，市場上銷售的鈉長石擺脫不了與翡翠同樣的切磨型式，不是蛋面、馬鞍戒面，就是鐲子、雕件等商品，挑選時以顏色純淨、色澤亮麗、透明度高的為上選。

❷ 由於鈉長石有兩組解理，選購鈉長石鐲子的時候，盡量選擇寬度較寬、鐲身較厚的鐲子，太細、太薄的鈉長石鐲子容易因碰撞而損傷，而且厚一點的鈉長石鐲子水頭看起來也比較好。

❸ 每種寶石都有各自不同的特色與風格，雖然市場上鈉長石難以擺脫翡翠代用品的影子，但仍然建議大家在選購鈉長石的時候，能以不同的眼光來看待，還給鈉長石該有的定位與身價，讓大家以合理的價格買到水透晶瑩的質感，是鈉長石在珠寶市場上最大的貢獻。

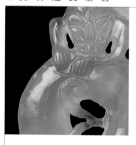

蛇紋石 ｜最適合雕刻的寶石｜
SERPENTINE

蛇紋石因紋路與蛇皮相似而被命名，硬度較低、產量也多，所以雕刻者最常接觸到的材料就是蛇紋石，它經常與方解石共生，所以常有同一塊蛇紋石在不同部位有不同硬度的情況，雕刻師在雕刻蛇紋石時必須掌握其不同硬度的特性，才能雕刻出完美的作品。雖然蛇紋石並不常被製作成珠寶佩帶，但由於蛇紋石的硬度適中更能表現出精細的完美雕刻藝術，許多以蛇紋石雕刻而成的作品因此成為雕刻收藏家的最愛。

雕工決定價格

　　一般說來蛇紋石本身的價格並不高，雕刻工藝的良莠才是決定價格的最主要因素。蛇紋石最常見的顏色為黃綠色至綠色，另外也有白色、棕色或黑色的蛇紋石。珠寶業將蛇紋石質的玉石稱為岫玉或岫岩玉，另外它還有一個商業名稱叫做「韓國玉」（Korean Jade），是因為蘋果綠色的蛇紋石外型與翡翠類似，常被當成翡翠的代用品。

蛇紋石的特性

　　蛇紋石是半透明至不透明的綠色礦物，具有多元化的風貌，化學成分也不盡相同，基本上是由含鎂的矽酸岩礦物所組成，其折射率為1.560～1.570，比重2.5～2.8，硬度介於2～6之間，範圍很大，因其所具有的共生礦物有很大的差異，同一塊蛇紋石會因共生礦物含量之多寡而在不同部位有不同硬度的情況，通常是綠色部分硬度較高。出現在寶石領域中的蛇紋石是綠色的，因此經常被當成玉的代用品，除此之外在珠寶業並不常見，幾乎都是當成雕刻的材料。

serpentine profile

蛇紋石小檔案

折射率	1.560～1.570
色散率	None
比重	2.5～2.8
硬度	2～6
化學式	$Mg_6((OH)_8/Si_4O_{10})$
寶石種類	Aggregate聚合體

黑色的蛋面蛇紋石。
名威珠寶提供

serpentine story
蛇｜紋｜石｜的｜產｜地
蛇紋石的產地很多，寶石級的蛇紋石主要產區在中國、南非、紐西蘭與美國。

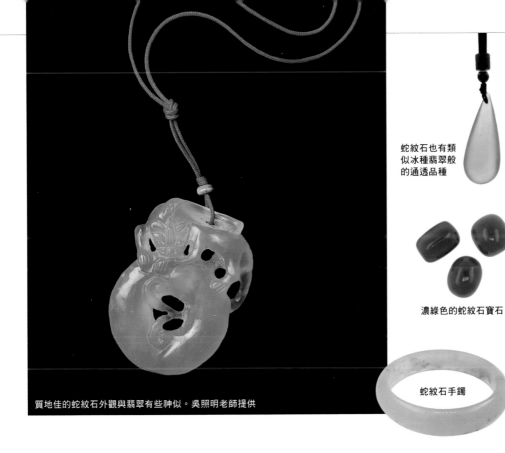

蛇紋石也有類似冰種翡翠般的通透品種

濃綠色的蛇紋石寶石

蛇紋石手鐲

質地佳的蛇紋石外觀與翡翠有些神似。吳照明老師提供

Tips ▸▸ 選購｜蛇紋石｜小祕訣

❶蛇紋石較少被切割成刻面寶石，主要是因為硬度低較易磨損而失去光澤，大部分是作為雕刻之用，也有磨成圓珠或蛋面做成飾品。

❷雖然綠色蛇紋石可用作翡翠代用品，但因硬度較低，所以雕刻或切磨後的光澤較翡翠差，也較易因磨損而顯現刮痕，由此可以區分出兩者的不同。另外比重也可以區別這兩者，翡翠在二碘甲烷液中會下沉，而蛇紋石的比重較輕，所以會浮起來。

❸蛇紋石的透明度愈高品質愈佳，挑選蛇紋石的時候最好選顏色較濃綠、透明度較高的，此外蛇紋石雕刻的刻工才是影響其價值高低的重要因素，雕工細膩、拋光良好的蛇紋石是最佳的擺飾。

❹蛇紋石硬度低，因此要注意避免因碰撞而產生刮傷與裂痕。

台灣墨玉

serpentine story

台｜灣｜墨｜玉

　　台灣墨玉是以蛇紋石為主成分與少量軟玉共生，夾雜鉻鐵礦、磁鐵礦等深色不透明礦物的寶石，具有特殊的紋路，主要產於台灣東部花蓮一帶，本土玉石業者將之名為「台灣墨玉」，因此台灣墨玉其實只是一種商業行銷名稱，並不是玉，而是蛇紋石質的岩石類寶石。

葡萄石 ｜外型像葡萄的寶石｜

PREHNITE

甜美的黃綠色澤、渾圓的造型，彷彿飽滿欲滴的黃綠色葡萄，是葡萄石經典的造型，葡萄石的原礦經常以葡萄狀集合體的型式出現，乍看之下有如結實累累的葡萄，因此名為葡萄石。

prehnite profile

葡萄石小檔案

折射率	1.61～1.64
雙折射率差	0.030
色散率	None
比重	2.80～2.95
硬度	6～6.5
化學成分	Ca₂Al (AlSi₃O₁₀)(OH)₂
寶石種類	斜方晶系 Orthorhombic

因翡翠代用品而聲名大噪

　　葡萄石剛出現於寶石市場當中的時候，並沒有受到珠寶業很大的關注，直到前幾年它被當成冰種翡翠的代用品，才逐漸受到珠寶業的矚目，其實葡萄石與翡翠是截然不同的寶石，不僅寶石特性大相逕庭，外觀上也有很大差異，葡萄石有自己與眾不同的風味與特色，為了商業將之變身為翡翠替代品，對葡萄石而言並不見得是好事，近年來許多設計師喜歡採用擁有自己風味、顏色清新討喜，價格又平易近人的寶石，在變身為設計師愛用的寶石之後，葡萄石在珠寶市場上的定位與身價逐漸被看好。

葡萄石的特性

　　常見的葡萄石為黃至黃綠色，但也有黃棕、白色與灰色，多切割成蛋面、圓珠或雕件，較少切成刻面型寶石，葡萄石屬於斜方晶系，比重2.80～2.95，硬度6～6.5，折射率在1.61～1.64之間，雙折射率差值0.030，但是葡萄石多以集合體形式出現，一般測不到雙折射率差值，以點測法測得的數據約1.63，與翡翠1.66的折射率其實是有差異的，只要稍微鑑定就可以判別出來，卻與外觀近似的淺綠色軟玉、蛋面磷灰石的折射率非常接近，所以

Prehnite story

葡 | 萄 | 石 | 的 | 產 | 地

　　葡萄石的產地分布很廣，其中黃綠色至黃色的葡萄石主要產於澳洲新南威爾斯地區，品質佳、透明度也較好，其他產地還有中國、蘇格蘭、非洲與美國新紐澤西州。

杜雨潔提供

鑑定時還是需要多加留意。有些葡萄石具有貓眼現象，但是葡萄石貓眼在珠寶市場上並不多見。

Tips ▸▸ 選購 | 葡萄石 | 小祕訣

❶ 清新甜美的黃綠色是葡萄石的特徵之一，葡萄石的顏色並不像大部分彩色寶石以嬌豔濃郁著稱，不過挑選葡萄石的時候，仍是以顏色飽滿、色澤鮮豔為主要考量，顏色過淡、或者帶有雜色的葡萄石品相就比較差一點了。

❷ 葡萄石的透明度通常很好，卻較少切割成刻面寶石，多半為蛋面、圓珠或雕刻型式出現，透明度較高的葡萄石多半切成蛋面，選購時盡可能選擇蛋面弧度圓潤飽滿、稍微有點厚度的寶石，讓顏色看起來更飽和。

❸ 由於葡萄石價格並不算貴，可盡量選擇大一點的，顏色飽和度高一點，水頭也比較好。

簡宏道提供

水晶 │永恆凝結的冰塊│
QUARTZ

晶瑩剔透的水晶被發現的時候，人類認為這是天神為了將水永久保存，所賜給人間永恆凝結的冰塊結晶，所以將所有透明的石英都稱為水晶。石英是地殼中含量最多的一種礦物，幾乎所有地層中都有石英的蹤跡，而水晶是顯晶質的石英，與玉髓同屬於石英家族，兩者化學成分相同，不同之處在於結晶形式的不同，形成石英家族的兩大系統。這裡所討論的是屬於寶石級的水晶，所以必須是結晶完美、品質較佳的水晶才能當成寶石。

quartz profile

水晶小檔案

折射率	1.544～1.553
雙折射率差	0.009
色散率	0.013
比重	2.66
硬度	7
化學式	SiO₂
結晶型式	六方晶系 Hexagonal

療傷止痛的萬靈丹

近幾年在台灣颳起的命理風潮，使得水晶成為炙手可熱的搶手商品，各種顏色的水晶被賦予不同的功用，例如佩戴粉晶來增強桃花運，利用水晶來增進磁場能力或修練氣功等，水晶似乎成了療傷止痛的萬靈丹。不論古今中外，水晶都與命理有密不可分的關係，吉普賽人用來算命的就是無色透明的水晶球，一位外國朋友告訴我他的祖母曾經親眼看過水晶球顯現占卜結果，且水晶球的預言果然成真，因此對於水晶的神祕力量深信不疑，看來對於命理的執著可是中外皆然呢！

水晶是顯晶質的石英（Macrocrystalline Quartz），顯晶質的意思是礦物的結晶明顯，可以清楚分辨出礦物的結晶外型，這種現象在水晶特別容易見到，我們經常可以在水晶店中看到未加以琢磨切割的水晶晶簇，就是最好的例子，每個結晶都是標準的六方晶系，而做成珠寶飾品的水晶寶石，多半是已經切割琢磨過的刻面寶石，就無法看到水晶的結晶外型了。

良和時尚珠寶提供

水晶寶環戒。Sifen Chang張煦蓉提供

紫｜水｜晶｜的｜神｜話｜傳｜說

紫水晶的名稱源自希臘神話，酒神巴克斯（Bacchus）因為受到月神戴安娜（Diana）的奚落而心生忿恨，於是決定找人洩憤，正巧美麗的少女雅梅希斯（Amethyst）經過，成了代罪羔羊，慘遭酒神召來的猛虎襲擊。正當猛虎撲向雅梅希斯的時候，月神戴安娜將少女變成純白色的石頭，酒神對自己莽撞的行為感到懊悔不已，遂將葡萄酒倒在白色石頭上，瞬間石頭變成美麗的葡萄紫色，而這種美麗的石頭就以少女的名字為名。紫水晶Amethyst希臘原文的涵意是不醉（not to intoxicate），傳說戴著紫水晶可保飲酒不醉，或許就與這個神話故事有關。

因為起源於神話故事，有關紫水晶的傳說不少，據說紫水晶能使擁有者避免中毒，遠離邪惡魔法的侵害並帶來好運；它還可以治療思鄉病，持有者離家時還能保佑家中不受宵小的入侵與破壞。紫水晶也是能讓愛情順利的寶石之一，佩戴紫水晶能召喚情人，並讓兩人的愛情熱度維持在最佳狀態。

水晶的特性

水晶的化學成分是單純的二氧化矽，比重為2.66，非常穩定，不像其他寶石因含有許多其他元素或內含物質所以比重會界於一個範圍之間，它的折射率為1.544～1.553，雙折射率差為0.009，色散率0.013，硬度為7，屬於高硬度的寶石，許多建材採用石英磚就是利用其抗磨損的特性來強調其耐用度。

水晶（石英）在工業上的用途非常的廣泛，主要是因為水晶具有壓電效應（Piezoelectricity），水晶的晶體加壓後會在兩端帶正負兩極的電荷，並釋出穩定的震動頻率，此一特性用在鐘錶上最多，可保鐘錶長時間的準確性；許多靈修或練氣功的人認為水晶的磁場很強，多半也是因為這種壓電效應的關係。

水晶的種類

水晶的分類主要是依照顏色與外型特色來區分，我們通稱的水晶一般指的是無色透明的石英，其他水晶的名稱則以顏色稱呼該種水晶，例如：紫水晶、黃水晶等，或者以外型特性來稱呼，例如：灑金石英、髮晶等。

La Stella珠寶提供

● **無色水晶（Rock Crystal）**：我們所說的水晶指的多半是這種無色透明的水晶，但它的英文名稱卻不稱為Colorless Quartz而是Rock Crystal。Crystal這個字源自希臘文krustallos，是冰的意思，因為古希臘人以為這是天神所賜的永恆冰塊結晶，故以此為名；寶石學中將天然水晶加

上Rock是為了與人造的鉛玻璃（lead crystal glass）區隔，因為合成的鉛玻璃英文名稱中也有crystal，為避免名稱混淆，所以天然的無色透明水晶以Rock Crystal稱呼。

水晶被賦予的神奇力量多到不勝枚舉，吉普賽人用來占卜的水晶球就是無色透明的水晶；古埃及人將死者放在鏡子前面，並在額頭上擺著水晶以淨化靈魂；具有超能力的人表示，水晶擁有吸收人類壞情感的神力，將水晶覆蓋在額頭上能吸走人類心靈上恐懼不安等負面情緒，使人心情豁然開朗。

良和時尚珠寶提供

• 紫水晶（Amethyst）：所有水晶中價值最高的就是紫水晶，顏色從淡紫色到深濃的紫紅色，是最具代表性的紫色寶石，以紫水晶為主石的設計在珠寶市場頗受好評，平實的價格讓它成為適合各種年齡層的寶石。

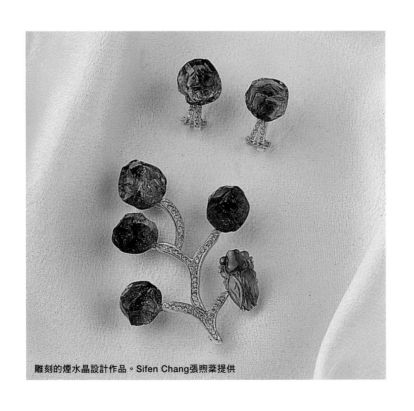

雕刻的煙水晶設計作品。Sifen Chang張煦棻提供

　　將紫水晶加熱會逐漸變成黃色調，溫度越高顏色越濃而成為橘黃或黃棕色，但也有可能會變成無色，許多橘黃色的黃水晶就是紫水晶加熱的結果。有些紫水晶在陽光照射下會喪失一部分的顏色，使得顏色變淡，但並不是所有紫水晶都會褪色，可以用X光照射讓顏色恢復。

　　紫水晶是二月的生日石，占星學中木星的代表石，而木星在星象學中代表的涵意就是人生道德的標準與宗教的信念，天主教視紫水晶為司教石，象徵克服俗界的各種慾望。

● 黃水晶（Citrine）：黃水晶的名稱Citrine源自其檸檬黃的色調，由檸檬、柑橘類的英文字根（citrus）衍生而來。黃水晶的顏色是水晶形成時溫度升高所導致的結果，天然的黃水晶很少見，尤其是檸檬黃色，市場上的濃橘黃色黃水晶多半經過加熱處理，這是廣為珠寶業界所接受的處理方式，不過加熱處理的黃水晶多色性會變差，所以無法由不同的方向看出寶石不同色調的多色性表現。

　　目前市面上所銷售的黃水晶多半是紫水晶或煙水晶加熱處理的結果，紫水晶在加熱至攝氏470度時會逐漸轉黃，當溫度升高到攝氏550至560度時會轉呈濃黃至深橘黃色；而煙水晶變色溫度較低一些，在攝氏300至400度時煙水晶就會變成黃色水晶了。

● 紫黃水晶（Ametrine）：同時具有紫水晶與黃水晶兩種顏色的水晶，它的英文名稱結合了紫水晶的字頭與黃水晶的字尾，成了Ametrine這個專門用於這種寶石的英文單字，紫黃水晶是水晶形成時，結晶的一端受到天然的地熱而成為黃色，另一端因未受到地熱影響故保留了紫水晶的顏色，形成了非常獨特的雙色紫黃水晶。

紫黃水晶。Blitz提供

色彩濃郁的黃水晶項鍊。金匠珠寶提供

綠色灑金石英外型酷似翡翠，又被稱為東菱石。廖家威攝

**UD diamond
喬喜鑽飾提供**

良和時尚珠寶提供

• **玫瑰水晶（粉水晶，Rose Quartz）**：粉紅色的水晶稱為玫瑰水晶或粉水晶，柔嫩的粉紅色被用來當成得到愛情的最佳幸運石，是許多女孩子最喜歡的寶石之一。粉水晶的透明度與其他水晶比起來較差，所以多半是用來雕刻或切割成蛋面，很少能清澈透明到切割成刻面寶石，而且粉水晶的顏色一般較淡，有些粉水晶在強光照射下還會褪色。少數的粉水晶中含有金紅石（Rutile）的針狀內含物，切磨成蛋面會有星光現象產生，形成水晶星石（Star Quartz），不過高品質的粉晶星石並不多。

• **煙水晶（Smoky Quartz）**：色調由淺褐、棕灰至紅棕色的褐色水晶都稱為煙水晶，顏色非常深濃的棕黑色煙水晶又被稱為墨晶（morion），世界上公認最美的煙水

晶色調是紅棕色，被稱為Cairngorm，原本產於蘇格蘭，不過目前已開採殆盡，取而代之的是瑞士所產的紅棕或橘棕色煙水晶。過去煙水晶被當成拓帕石的替身，在市場上被稱為褐色拓帕石（Smoky Topaz），因此一度被視為廉價的代用品而受輕視。但後來隨著水晶市場的逐漸蓬勃，越來越多人了解煙水晶獨特的內蘊

良和時尚珠寶提供

氣質，加上它平實的價格，成了寶石雕刻師的最愛，也成為寶石市場中的常客。

• **灑金石英（Aventurine Quartz）**：含有綠雲母（Green Mica）片狀內含物的石英，在放大鏡下觀察可以發現石英中含有許多細小片狀的綠雲母結晶，因光線的反射使整個寶石呈現綠色，這種現象稱為灑金現象（Aventurine）。此種含有綠色雲母的綠色灑金石英，多產於印度，且外型看起來與翡翠類似，因此又被稱為印度玉（India Jade），商業上又被稱為東菱石或東菱玉，當成翡翠的代用品之一。基本上，灑金石英的顏色是因為內含片狀綠雲母之故，石英本身並不是綠色的，所以外觀上就可以判別；也可以用比重液來區分，翡翠在比重液中會下沉，而石英會浮起來。另外還有含鐵雲母的紅棕色灑金石英，也是灑金石英的一種。

黃水晶墜。
良和時尚珠寶提供

• **虎眼石（Tiger's-Eye）**：石英礦物與青石綿（crocidolite）共生，青石綿的纖維狀構造使得石英具有貓眼現象，虎眼石的黃色或金褐色光澤是因為含有氧化鐵的結果，就像老虎銳利的雙眼，特別稱之為虎眼石（Tiger's-eye）。而不含有氧化鐵的貓眼石英保留青石綿的顏色，呈現灰藍色或藍綠色，則稱為鷹眼石（Hawk's-eye）。

> **quartz story**
>
> ## 水｜晶｜的｜產｜地
>
> 石英是地殼中含量最多的礦物種類，所以水晶的產地很多，但各種水晶的產量因種類的不同而有多寡的差異，目前全世界水晶最主要的出口國也是最大的產地在巴西，其他的產地還有印度、斯里蘭卡、馬達加斯加、美國、墨西哥、烏拉圭、德國、蘇格蘭、瑞士、西班牙、匈牙利、獨立國協與南非。

透明水晶的內含物清晰可見，各有不同風貌，水晶的結晶晶形完整。

• 髮晶（Needle-Inclusion-Quartz）：含有針狀內含物的水晶都可以稱為髮晶，這些針狀內含物有許多種，較常見的是金色或紅色的金紅石、黑色的碧璽、綠色的陽起石。上圖左右兩支水晶晶體中含有針狀金紅石結晶，市場上又稱為鈦晶。晶瑩剔透的水晶使得這些細小的內含針狀結晶清晰可見，獨一無二的天然花紋，成為許多水晶玩家最愛的珍藏。

Tips ▶▶ 選購│水晶│小祕訣

鈦晶。Blitz提供

❶ 切割、雕刻品多：透明的水晶寶石，如紫水晶、黃水晶等，通常切割成刻面寶石，而較不透明的種類，如灑金石英、玫瑰水晶等，則多半為蛋面切割，而以水晶做成雕刻的也不少，主要是因為水晶的價格低廉、取得容易之故。另外，整座水晶晶洞或以成群的晶簇銷售成為擺飾的水晶也很常見。

❷ 分辨鉛玻璃製品：合成的水晶是以水熱法製造的，因製作成本高與天然水晶的價格相去不遠，所以合成水晶多半運用於工業用途，極少出現於珠寶市場上，所以消費者不必太過擔心。倒是許多鉛玻璃製品在市

場上以水晶為名銷售，才是真正讓消費者混淆的商品，因為這些鉛玻璃在英文上註明的是Crystal，中文也稱之為水晶，但這與寶石的水晶完全不同，價格相差很大。其實只要仔細想想：天然水晶是在自然界的岩礦中形成的，一個大型雕刻的原石要有多大？這麼大的晶體完全沒有內含物時價格該有多高？怎麼可能一下子有這麼多沒有內含物的水晶出現？寶石類的水晶以克拉為重量單位來計算價錢，這樣一個雕刻品有多重？真正的水晶該有多少錢？這些問題想清楚之後，自然就知道答案了！

❸ 觸感與折射：一般天然的水晶觸感較為冰涼，剛拿到手上與玻璃或人工合成品的觸感不同，人造材質通常不會有冰涼的觸感，也是簡易的鑑別法。還有一種方式可用於透明的水晶寶石上，如果是較大的水晶球或雕刻品，可在白紙上畫一條細細的線，將水晶壓在這條線上，

無色水晶製成的念珠廣受消費者歡迎

透過水晶可以看到一條線變成兩條，而透過玻璃製品看則還是一條細線，這是因為水晶為雙折射寶石，光線透過寶石會分成兩道折射線之故，但如果是較小的水晶寶石，因為折射率差太小，這種現象就不明顯了。

❹ 辨別蘇聯鑽：目前市售的紫水晶或黃水晶仿品，並不是合成水晶，而是紫色或黃色蘇聯鑽的二氧化鋯石，蘇聯鑽的比重（5.9）將近水晶（2.66）的兩倍之多，所以兩者同時拿在手上時，蘇聯鑽要比同樣大小的水晶寶石重多了。

❺ 顏色、雕工與晶型：因水晶價廉物美，所以即使是淨度高、克拉數也高的水晶，價格也不會造成太大負擔，買水晶刻面寶石時要注意的是顏色的均勻與否，盡量挑顏色濃郁而均勻的；如果是雕刻品，該注意的是雕工的好壞；如果是晶洞或晶簇的選擇，就必須注意晶體的晶型是否完整，盡量不要有斷裂或尖端磨損的情形，水晶的結晶是完美的六方形，天然的結晶尖端會有一面較大，並不是六個面都一樣大，如果是六個面都完全一樣可能是重新切磨的結果，就不是原本天然的結晶面了。

玉髓 ｜變化萬千的隱晶質石英｜
CHALCEDONY

玉髓是石英家族中另一系列的寶石，屬於玉髓這個系統的寶石種類眾多、風貌各不相同，說起玉髓可能有些人會覺得陌生，但說起瑪瑙大家就很熟悉了，瑪瑙算是玉髓中最具代表性的種類，光是瑪瑙就有好幾個不同的種類，風格各異其趣。玉髓的名稱源自博斯普魯斯一個古老的城鎮，當時人們將具玻璃光澤的透明石英結晶稱為水晶，而比較不透明、表面呈蠟狀光澤甚至無光澤的石英稱為玉髓，一直沿用至今。

chalcedony profile

玉髓小檔案

折射率	1.535～1.539
色散率	無
比重	2.60～2.68
硬度	6.5～7
化學式	SiO_2
結晶型式	聚合體Aggregate

普遍且價格便宜

石英是地殼中含量最多的礦物，玉髓在地層中也相當常見，經常與許多不同礦物共生，所以玉髓類的寶石常以不同的面貌呈現於世人眼前，有些造型特殊的玉髓令人對大自然的傑作嘆為觀止，更是收藏家們的最愛。玉髓礦物因為非常普遍，通常價格便宜，經常被用來作為雕刻的材料，最有名的雕刻品要算是德國伊達奧柏斯坦（Idar-Oberstein）著名的浮雕寶石（Cameo），這種浮雕寶石是利用瑪瑙具有條帶狀區間的不同顏色來做雕刻，以瑪瑙的顏色為底色，將白色部分做立體的雕刻，困難度相當高，絕大部分的價格取決於其雕工技術，這種浮雕寶石受到許多消費者喜愛也頗具知名度。

俗稱台灣藍寶的藍玉髓別針。良和時尚珠寶提供

chalcedony story
天｜珠｜是｜玉｜髓｜的｜一｜種

天珠就是一種瑪瑙，只是被賦予太多有關宗教的神力，就天珠的成分而言，實際上是瑪瑙經特殊染色處理後的結果。

玉髓的特性

水晶與玉髓是石英家族中最重要的

天然的紅色瑪瑙印章。廖家威攝影

純黑或純白的瑪瑙其實並不多見。伊勢丹珠寶提供

兩大系列寶石，不同之處在於水晶是顯晶質石英，水晶的結晶明顯，晶體多半肉眼可見；而玉髓是隱晶質石英（Cryptocrystalline Quartz）或微晶質石英（Microcrystalline Quartz），隱晶質的意思是石英的結晶構造非常微小而緻密，用肉眼無法辨識出晶體的顆粒，故稱為隱晶質石英。同屬於石英家族，化學成分同樣都是二氧化矽，但玉髓與水晶的結晶型式不同，使得它與水晶的寶石特性有些差異，玉髓的折射率為1.535～1.539，比重為2.60～2.68之間，玉髓的結構為聚合體（Aggregate），顏色為灰白到白色，各種不同顏色的玉髓是因為含有不同外來元素或礦物的關係，更常見的是染色所形成的結果，玉髓的質地為透光至不透明。

玉髓的種類

chalcedony story

玉髓的產地

石英是地殼中含量最高的礦物，水晶與玉髓因此相當普遍，但是本書所討論的是以寶石級的水晶與玉髓為主，目前全球最大的水晶、瑪瑙出口國是巴西，重要的玉髓產地除了巴西之外還有印度、馬達加斯加與烏拉圭。

另外還有國家出產特別的玉髓，如澳洲的綠玉髓，這是品質最高也是最主要的綠玉髓產地；而風景瑪瑙除了巴西與印度外，美國也是主要的產地；瑪瑙除了中南美洲是主要產地外，歐洲的德國、瑞士也有出產，但是德國更有名的是瑪瑙的切割與雕刻工藝居世界之冠，德國伊達奧柏斯坦（Idar-Oberstein）是全球著名的瑪瑙切割與雕刻重鎮。而碧玉的產地幾乎是遍及全世界各大洲，連台灣東海岸也出產不少，各地所產的碧玉各有不同風貌，最主要的產地還是印度與俄羅斯。

玉髓類的寶石種類繁多，習慣上，具有條紋結構的玉髓類寶石稱之為瑪瑙，而不具條紋結構的則稱為玉髓。依照顏色、條紋結構、內含特徵的不同可分成以下各種寶石。

• 瑪瑙（Agate）：據考證最早發現瑪瑙的地方是在西西里島上Achates河的附近，故以此名演化成英文的Agate，而瑪瑙的中文名稱有一種說法：是因為瑪瑙的原石形狀類似馬腦，因此稱之為瑪瑙。具有條紋狀或帶狀構造的玉髓都稱為瑪瑙，常見的是具有多種顏色的條紋，或是單一顏色與灰白色相間的條紋，市場上銷售的瑪瑙絕大多數是染色的，因為瑪瑙本身價格不高，染色使其顏色更為亮麗易於搭配，所以倒

是不必太過追究瑪瑙是否經染色處理，鑑定也無須特別註明染色處理。

• 紅瑪瑙（Cornelian）與棕瑪瑙（Sard）：鮮紅至棕紅色的玉髓稱為紅瑪瑙，而黃紅色至紅棕色的瑪瑙則稱為棕瑪瑙，這兩種瑪瑙雖然名稱不同，但其實並沒有很明確的區分，因為棕紅色的瑪瑙相當常見，並不一定要歸類於紅瑪瑙或棕瑪瑙。紅色調的瑪瑙是因為含有鐵而致色，絕大部分的紅瑪瑙或棕瑪瑙對著光線看時可以發現瑪瑙的顏色是線條狀的，但整體看來其條紋狀的結構不像條紋瑪瑙那麼明顯。

台灣藍寶手鐲。
靚晴金珠寶提供

• 縞瑪瑙（Onyx）與纏絲瑪瑙（Sardonyx）：具有黑白相間條紋的瑪瑙稱為縞瑪瑙，而具有紅白相間條紋的稱為纏絲瑪瑙，一般說來很少有純黑色的瑪瑙，大多數的黑瑪瑙都是用縞瑪瑙染色而成的，透過強光照射可以找到縞瑪瑙的條紋狀結構。

• 藍玉髓（Chrysocolla）：數年前台灣流行一種稱為台灣藍寶的天藍色寶石，就是藍玉髓，也有人稱藍玉髓為矽孔雀石，它是因為含有孔雀石中銅（Cu）的成分而呈藍色，但其本身的成分是玉髓的二氧化矽，因此被稱為矽孔雀石。過去因為台灣東海岸所產的藍玉髓品質居世界之冠，加上台灣人戮力於提倡本土玉石，結果不僅讓這種藍玉髓（台灣藍寶），在國際市場上占有一席之地，曾有一段時間藍玉髓的價格居高不下，價值直逼貴重的紅藍寶石呢！

台灣藍寶。
靚晴金珠寶提供

chalcedony story

台｜灣｜藍｜寶

　　台灣藍寶是含矽孔雀石而致色的藍玉髓，矽孔雀石當中的銅讓玉髓呈現特殊的藍色調，雖然玉髓是常見的寶石，但是質色皆佳且又要找到足以切割成手鐲的卻不多，像上圖中這樣的台灣藍寶手鐲價值不斐。

• 南紅瑪瑙（SouthRedAgate）：南紅瑪瑙的紅色是由於內部含有大量赤鐵礦礦物內含物，用放大鏡觀察南紅瑪瑙，可看見內部大

南紅瑪瑙

量紅色點狀赤鐵礦，使得寶石呈現紅色，與一般的紅瑪瑙不同，普通紅瑪瑙是因為其寶石中所含的氧化鐵而產生紅色色澤，放大觀察就看不到赤鐵礦內含礦物。南紅瑪瑙在中國具有特殊的歷史意義，根據記載，南紅瑪瑙最早在春秋戰國時代就已經出現，而最令人廣為熟知的卻是清朝的朝珠，但南紅這個稱呼卻是在近代才開始使用，以凸顯其最早產地——雲南保山，也與傳統一般紅色瑪瑙有所區隔。

• 綠玉髓（Chrysoprase）：從嬌嫩的蘋果綠至綠色的玉髓都稱為綠玉髓，它是玉髓中價值最高的一種，其英文名稱chrysoprase源自希臘文，指的是韭菜這種植物，因為綠色而得名。綠玉髓是因含有鎳（Ni）而呈綠色，外型與翡翠類似，使得綠玉髓成為翡翠常見的代用品；又因為澳洲是綠玉髓的重要產地，因此綠玉髓在商業上又被稱為「澳洲玉」，這兩者的差別很容易鑑別，最簡單的是以比重液來區分，在比重3.32的二碘甲烷液中，翡翠比重3.34會下沉，但玉髓比重2.60～2.68低於比重液，所以會浮起來；當然經驗豐富的消費者與寶石鑑定師也能憑著兩種寶石結構的不同而分辨出兩者。

• 苔紋瑪瑙（Moss Agate or Dendritic Agate）：瑪瑙中含有一些看似苔蘚狀內含物的稱為苔紋瑪瑙，英文名稱為Moss Agate 或Dendritic Agate，dendritic希臘文的原意就是像樹一樣的，指的是這些苔蘚狀的內含物看起來像樹枝狀散布於瑪瑙中，其成分有可能是黑色的氧化錳、綠色的綠泥石或紅色的氧化鐵，如果出現的苔紋外型與顏色搭配得好時，看起來就像是一幅美麗的景色，又有人稱之為風景瑪瑙（Scenic Agate），是收藏家最喜歡收藏的寶石之一。

• 碧玉（Jasper）：顏色眾多的不透明玉髓類寶石，碧玉名稱Jasper源自希臘文，意思是點狀的石頭，這些點狀源自碧玉大約

碧玉的顏色變化相當大

綠玉髓原石。吳照明老師提供

20％左右的外來物質，而碧玉的顏色與外型就是由這些外來物質所決定的，因為外型與顏色的多元化，碧玉在商業上的名稱也相當多，雖被名之為玉，但其實是玉髓類的寶石，石英家族的成員之一，所以要謹慎不要與其他的玉混淆了。

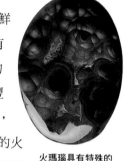

火瑪瑙具有特殊的色彩變化

• 火瑪瑙（Fire Agate）：具有如蛋白石一般鮮豔色彩的瑪瑙，它的色彩是因為瑪瑙中含有數層極薄的氧化鐵，使光線產生干涉現象的結果，與蛋白石的遊彩現象不同。火瑪瑙豐富而艷麗的色彩非常特殊，深獲消費者喜愛，尤其是同時具有紅、黃、綠、紫等多種顏色的火瑪瑙更屬難得，也最受歡迎，價格較其他瑪瑙高許多。

• 血石（Bloodstone）：傳說是耶穌被釘在十字架上時，血液滴在綠色石頭上所形成的寶石，因此被稱為血石。當然血石的成分與耶穌的血無關，只是剛好具有紅色氧化鐵的關係，這種深綠底色而帶有紅點狀的玉髓，在過去以為這些紅色的點是血，故以血為名，古代的人認為它有神奇的功效，士兵們常用它來治療血液疾病或止血；而古文獻中也確實曾有記載血石具有止血與治療流鼻血的功能。

來自亞利桑那州的木化石保留樹木年輪紋路。彭浩銘提供

• 木化石（Petrified Wood）：長久被埋藏於地底的樹木，其組織被二氧化矽慢慢侵入而取代，循序漸進的置換作用保留了樹木最原始的風貌，包括樹木的外型與年輪等組織都完整的保存下來，外型看來與樹木無異，但其實早已被矽化成化石，稱為木化石或矽化木，台灣有一段時間很流行以木化石當做家中的擺飾，多半由印尼進口，美國所產的木化石也很多。

• 珊瑚玉（Petrified Coral）：原本海域中的珊瑚，由於地質作用被埋入地底，經年累月矽化之後成為

黃龍玉。Blitz提供

玉髓化的珊瑚化石，珊瑚天然的紋路與結構被完整保留下來，成為獨一無二的花紋，有如朵朵綻放的菊花，也有人稱之為菊花玉。形成珊瑚玉的珊瑚品種與有機寶石的珊瑚品種不同，因此外觀形態也不一樣，珊瑚玉是玉髓化的珊瑚化石，跟木化石一樣僅保留原本珊瑚的形態，成分已經石化成為玉髓了。

珊瑚玉

chalcedony story

黃｜龍｜玉｜是｜什｜麼？

黃龍玉是中國近幾年崛起的玉石品種，2004年發現於中國雲南省保山市龍陵縣小黑山及周邊的蘇帕河流域，以濃烈的黃與紅色為主色調，亦有間雜白、綠、灰、黑等顏色，有「黃如金、紅如血、白如冰、烏如墨」之譽，中國傳統文化以黃色為帝王之色，因此被名為黃龍玉，中國在2011年更將黃龍玉列入國家珠寶玉石錄，被標榜為投資收藏的新標的。

市場上炒作的沸沸揚揚，不免令人好奇黃龍玉到底是什麼？其實黃龍玉主要成分是隱晶質石英，也就是我們所熟知的玉髓寶

黃龍玉。Blitz提供

石，市場將之濃艷的黃、紅色比擬田黃、雞血石，形容其質感媲美翡翠、不亞於軟玉的溫潤與壽山石的柔韌等等，這些都是行銷黃龍玉的賣點，然而玉髓產量豐沛，黃龍玉充其量只是具有產地意義的玉髓種類，並非新寶石品種，在寶石產地觀念越來越受重視的今日，各個寶石礦區都希望自家寶石能在市場博得更好的身價，因此不少產地將寶石取了新名稱來行銷，雖然多少提升寶石價格，但寶石本質仍是不變的，投資收藏還是先弄清楚比較保險，以免花大錢卻買到常見的普遍寶石喔！

● **天珠（Tibet Beads）**：天珠就是一種瑪瑙，只是它被賦予太多有關宗教的神力，將它與普遍的瑪瑙畫上等號可能有些人無法認同，姑且不論天珠的神奇功用，只就天珠本身的成分而言，它實際上是瑪瑙經特殊染色處理後的結果，所謂真正的天珠，是出現於西藏一帶藏傳佛教視為傳家護身的寶物，據說天珠的外觀代表不同的意義，具有不同的功效，在西藏的文化上相當重要，對西藏人而言是維護身體健康、帶來財富與趨吉避凶的吉祥物。

Tips ▶▶ 選購│玉髓│小祕訣

❶ 玉髓甚少被切割成刻面寶石出現在市場上，多半是各種形式的雕刻，或者像綠玉髓或藍玉髓切割成蛋面等寶石，可鑲嵌於珠寶飾品上，也有很多是磨成圓珠串起來佩帶。

❷ 玉髓是價廉物美的寶石種類，除非具有特殊的現象，一般說來價位都很低，是大多數人負擔得起的寶石，所以如果碰到價位特別高的玉髓，最好請教專家或是問清楚寶石是否有何特殊之處，以免被敲竹槓。

❸ 玉髓的選擇以質地均勻、顏色鮮明者品質較高，透明度以透過筆燈照射能透光者較佳，如果無法透光會讓玉髓的顏色偏暗，看起來不亮麗。

❹ 選擇玉髓的雕刻最重要是雕工，如果是立體的雕刻困難度較高，價格也會隨著水漲船高，所以說以玉髓當作雕刻用的寶石價值大多來自其工藝部分，而非寶石本身。

紫玉髓戒。
良和時尚珠寶提供

天珠是瑪瑙類的寶石。

蛋白石

| 翩翩起舞的彩色精靈 |

OPAL

燦爛色彩閃耀在一顆寶石上，就像是彩色的精靈在飛舞玩耍，蛋白石迷人的魅力其實早在古羅馬時代就已經為人們所熟知，但是曾有一段時間人們迷信蛋白石會帶來噩運，故敬而遠之，所以相關的歷史記載並不多。它與碧璽都是十月份的生日石，也都是顏色種類眾多的寶石；不過蛋白石多樣的顏色來自它獨特的遊彩現象（**Play of Color**），而碧璽是因為其化學成分複雜所以有各種不同的顏色。

opal profile

蛋白石小檔案

折射率	1.44～1.46
雙折射率差	無
色散率	無
比重	1.98～2.20
硬度	5.5～6.5
化學式	$SiO_2 \cdot nH_2O$
結晶型式	非晶質 Amorphous

蛋白石名稱的由來

蛋白石的英文Opal，源自拉丁文Opalus，是匯集各種寶石於一身的意思，指的是蛋白石囊括所有寶石的色彩於一身，希臘人稱之為Opallos，後來演化成為今天我們所知的Opal。

中文名稱「蛋白石」聽起來有點怪怪的，似乎很難與美麗的寶石聯想在一起，根據珠寶界一些前輩的說法，取名

粉紅蛋白石耳環。
Sifen Chang張煦蓁提供

為蛋白石是因為早期輸入台灣的蛋白石都是顏色與質地較差的，沒有亮麗的色彩，就像是煮熟的蛋白一樣，所以被稱為蛋白石，即使後來了解美麗的蛋白石令人驚艷的魅力，但這個名字已經被廣泛採用並沿用至今；不過在香港等其他華人市場將它稱為歐寶或澳寶，被稱為歐寶是因為蛋白石是由歐洲流傳進入華人市場的，而且歐寶發音與英文Opal也很接近；另外稱之為澳寶是因為澳洲是蛋白石重要的產地，而且蛋白石也是澳洲的國家寶石，所以也有人稱它為澳寶。

火蛋白戒指。Sifen Chang張煦蓁提供

蛋白石的傳說

傳說若用月桂樹葉遮住蛋白石，可以使敵人的眼光變模糊，讓自己逃離不利的處境；用蛋白石做成護身符帶在身上，當持有者生病時蛋白石會變成灰色，而有大難臨頭時蛋白石會變成黃色。

早在古羅馬時代蛋白石就已經出現，相當受到重視，根據記載，蛋白石在當時的地位僅次於祖母綠，據說名政治家若尼斯有一顆色彩斑斕的蛋白石，埃及豔后克莉佩卓非常喜歡，安東尼為了愛人想要這顆蛋白石，但被若尼斯斷然拒絕，後來安東尼統治了羅馬帝國，若尼斯因此被驅逐出羅馬。

在十九世紀初到中期的時候，蛋白石被認為是不吉祥的寶石，這個迷信可能是由於作家華德史考特（Walter Scott）在1831年所寫的一本小說，故事的女主角安妮擁有一顆蛋白石，這顆蛋白石會隨著主人的心情而變換顏色，當安妮生氣的時候呈現紅色，憂鬱時變成藍色，而當安妮很快樂的時候蛋白石會閃耀綠色的光彩，但是當安妮去世後，蛋白石卻突然完全喪失了所有的顏色，讓人匪夷所思，也因此蛋白石蒙上了一層神祕的面紗。

這顆昆士蘭蛋白石重達60.74克拉，具有昆士蘭蛋白石少見的鮮紅色遊彩現象，色澤艷麗。Mariora Co.提供

鹹魚翻身重獲寵愛

神祕的蛋白石被人們穿鑿附會的傳說變成噩運的寶石，後來是英國維多利亞女王破除了此一迷信，十九世紀後期澳洲發現大量的美麗黑蛋白石，當時的澳洲是英國的殖民地，女王知道這種美麗的寶石能為英國帶來巨額的財富，因此首先破除迷信將蛋白石送給出嫁的女兒當作賀禮，並以蛋白石賜給朝中有功勳的大臣，終於讓蛋白石得以重新獲得世人的寵愛。

opal story

蛋 白 石 的 產 地

最早的蛋白石產地是在捷克與匈牙利，十九世紀後澳洲成為最大的蛋白石產地與出口國，較新的產地有衣索比亞、巴西、瓜地馬拉、宏都拉斯與墨西哥。而火蛋白石多產於墨西哥。

蛋白石的特性

　　以化學成分而言，蛋白石應該是石英家族中的一員，但是石英屬於礦物，而蛋白石為非晶質，不屬於礦物，因此它被獨立成為一種獨特的寶石種類。蛋白石的成分為二氧化矽與多個結晶水，蛋白石所含水分子占其總重量的3％到20％不等，水分子的含量越高，遊彩現象會特別好，價格也越高，反之遊彩不佳的蛋白石價格也較低。蛋白石的折射率1.45左右，比重1.98～2.20，硬度5.5～6.5之間，但韌度差，所以蛋白石很容易因為碰撞而碎裂，佩戴時要小心。

　　遊彩現象是蛋白石最迷人的魅力所在，這種現象讓蛋白石具有多種顏色，而且顏色會隨著蛋白石的移動而閃動，這是因為蛋白石的微小粒子讓光線產生繞射的結果，當二氧化矽的粒子排列越整齊時，蛋白石所呈現的遊彩面積就越大，遊彩也越明顯。遊彩現象是蛋白石的靈魂所在，也是決定價格的最主要因素，具有紅色的遊彩是價格最高的，如果紅色遊彩又多又靈活，價格甚至比鑽石還高呢！

顏色鮮豔的白蛋白石

白色的普通蛋白石與藍蛋白石。

相當少見的綠蛋白石Prase Opal，英文的prase取自綠玉髓chrysoprase的字根。Sifen Chang張焜棻提供

蛋白石的種類

• **白蛋白石（White Opal）**：所有底色為白色的蛋白石都稱為白蛋白石，是最早被發現的蛋白石種類，價格平實，許多白蛋白石被用來作為雕刻的材料。

• **黑蛋白石（Black Opal）**：蛋白石的底色為黑色或灰色等較深底色的蛋白石稱為黑蛋白石，遊彩現象被顏色較深的底色襯托得更加美麗，獲得了更多消費者的喜愛，黑蛋白石的價格也較其他蛋白石高。

• **昆士蘭蛋白石（Queensland Boulder Opal）**：這是一種只產於澳洲昆士蘭地區的獨特蛋白石，這種蛋白石產於鐵礦岩與砂岩夾縫中，開採時通常與鐵礦母岩一同切下當作蛋白石的底部，英文的boulder指的就是大塊母岩的意思。

• **火蛋白石（Fire Opal）**：橙或橙紅色的蛋白石，類似火焰的顏色，所以被稱為火蛋白石，火蛋白石的顏色鮮豔，彩斑現象一般較不明顯，也有很多火蛋白石是沒有遊彩現象的。主要產地在墨西哥，也有人稱之為墨西哥蛋白石。

火蛋白戒。
Sifen Chang張煦蓁提供

• **貓眼蛋白石（Cat's Eye Opal）**：具有貓眼現象的蛋白石，產量並不多，由於有纖維狀的內含物形成貓眼蛋白石，外型看起來很特別，許多人買來當成收藏品，價格比貴重的金綠玉貓眼便宜許多，目前主要產地在巴西與墨西哥。

貓眼蛋白石

• **普通蛋白石（Common Opal）**：不具遊彩現象的蛋白石統稱為普通蛋白石，價格比遊彩現象的蛋白石平易近人的多，除了不具遊彩的火蛋白之外，近幾年市場上也出現一些少見的蛋白石品種，例如：顏色外觀酷似藍玉髓的藍蛋白石（Blue Opal）、蘋果綠色的綠蛋白石（Prase Opal）、粉紅蛋白石（Pink Opal）以及具有樹枝狀結構，外觀近似苔紋瑪瑙的 Dendritic Opal，使得蛋白石品種更為豐富。

蛋白石的優化處理與仿品

為了增加蛋白石的遊彩現象、襯托遊彩現象更為出色或是填補蛋白石的裂縫，市場上會將蛋白石優化處理，主要方式如下：

• **糖化處理（Sugar Treatment）**：將沒有遊彩現象的蛋白石置入飽和糖水或高濃度的果汁中加熱，冷卻後碳化的糖會顯現出遊彩現象。糖化的蛋白石在顯微鏡下觀察可以看到碳化後的糖所殘留的黑點，糖化處理不是很難的處理方式，也很容易鑑別，所以在高價的蛋白石上倒是不多見。

• **灌膠處理**：灌膠最主要是填補蛋白石的裂縫，蛋白石韌度較低，且可能會因為喪失水分而龜裂，所以這種處理很常見，不過由於是灌入樹脂類的膠，所以在螢光燈下會有螢光反應，一般鑑定所都可以檢測出來是否經過此種處理，當然掃描翡翠的紅外線光譜也可以用來偵測是否為灌膠的蛋白石。

• **塑膠充填（Plastic Impregnation）**：在結構鬆散的蛋白石中注入黑色的塑膠類充填物，使低品質的蛋白石看起來像是高檔的黑蛋白石，在顯微鏡底下可以看出塑膠充填後的痕跡。

• **夾層蛋白石**：雙層蛋白石（Doublets）是以白蛋白石底下黏黑色的底部，通常用黑瑪瑙來襯托原本的白蛋白石，使其遊彩現象更為出色；三層蛋白石（Triplets）上面一塊透明的水晶或玻璃與底下黑色的底部，中間夾著一層薄薄的蛋白石，稱為三層蛋白石。夾層蛋白石因為只有一小部分是真正的蛋白石，所以價格上較整塊完整的蛋白石便宜許多。

三層（上）和雙層（下）的蛋白石夾層石，側面可以看到粘合的部分。

• **人造蛋白石仿品**：以合成的物質壓縮成蛋白石的仿品，用放大鏡仔細觀察蛋白石的遊彩，遊彩的邊緣線條有如蛇皮般的鋸齒狀就是人造的仿品，這是鑑別蛋白石是人造或天然的方式。

金黃蛋白石。Sifen Chang張煦蓁提供

設計成魚造型的蛋白石別針。Sifen Chang張煦蓁提供

Tips ▸▸ 選購 蛋白石 小祕訣

❶ 造型多樣：蛋白石常見的切割方式以蛋面為主，因為凸圓型的蛋面切割能讓蛋白石的遊彩順著圓弧面閃動，顏色的變化更為生動靈活，但由於蛋白石多半產於地層岩縫中，天然的限制使得蛋白石的切磨需視原石大小與形狀而決定，所以蛋白石的造型很多，尤其是昆士蘭蛋白石產於鐵礦岩夾縫中，無法切割成凸圓的蛋面形狀。

❷ 觀察側面：選購蛋白石最好能由蛋白石的側面觀察，以免買到夾層的蛋白石，如果看到上面一層是無色的透明水晶就是三層蛋白石，如果是以蛋白石加上黑底的雙層蛋白石，可以觀察蛋白石表面與底部的顏色對比是否差異很大，天然黑蛋白石本身的底色就是較深的黑或灰色，所以顏色對比不會差異太大。

❸ 優化處理：經過灌膠或注入塑膠類物質的蛋白石可用放大鏡觀察或螢光反應來判別，不過這種優化處理對於一般消費者較難判別出來，最好是選擇有信用的店家或經由專業鑑定師鑑定。

❹ 遊彩顏色：蛋白石的等級是以遊彩的顏色來區分的，紅色的遊彩是等級最高的蛋白石。紅色遊彩的亮度高、顏色面積廣的黑蛋白石是價格最高的，其次是帶有綠或藍色的黑蛋白，如果蛋白石的遊彩能出現七彩的顏色非常難得，價錢自然也非常高了。

質地半透明，彷彿果凍色澤的蛋白石，看起來像Q彈的果凍一樣可口，英文將之稱為Jelly opal。Sifen Chang張煦蓁提供

土耳其石

象徵晴朗
藍天的聖石

TURQUOISE

turquoise
profile

顏色就像是晴朗的藍天，土耳其石與人類結緣的歷史年代很早，從古埃及時代就被視為是聖石，東方的宗教也將土耳其石視為是天空的象徵，許多來自中亞的佛像上都鑲嵌有土耳其石，古代歐洲與中東地區的人士更將土耳其石當作護身符，對於土耳其石的熱愛就像中國人之於翡翠一樣，雖然有點近乎盲目的崇拜，卻與民間的信仰與風俗有極大的關聯。土耳其石與風信子石同屬十二月的生日石，西方世界對土耳其石的評價很高，是最受重視的藍色不透明寶石。

土耳其石小檔案

折射率	1.61～1.65
色散率	None
比重	2.6～2.8
硬度	5～6
化學式	$CuAl_6((OH)_2/PO_4)_4 \cdot 4H_2O$
結晶型式	聚合體Aggregate

土耳其石名稱的由來

Turquoise意思就是土耳其的石頭（Turkish Stone），但這並不是說它是產於土耳其，而是由於古代產於西奈半島與波斯（現今的伊朗）的土耳其石是經由土耳其傳入歐洲，因此被名為土耳其石。

土耳其石的特性

礦物學上原名綠松石的土耳其石，因其含有銅，質地多半為不透明，也有少數可以達到可透光的透明度，顏色從天藍至綠色皆有，純淨天藍色的土耳其石等級最佳且價格也最高。

turquoise story

土 | 耳 | 其 | 石 | 的 | 產 | 地

雖然名為土耳其石，但它並不產於土耳其，歷史上最早的土耳其石產地在現今的伊朗與西奈半島。伊朗是品質最佳的土耳其石產地，至今仍有開採；目前數量最大的產地則是美國，其他的產區還有埃及、澳洲、墨西哥、智利與中國。

吳照明老師提供　　伊勢丹珠寶提供

沒有網狀石脈貫穿、藍得純淨又濃烈的土耳其石非常稀少，散布於土耳其石的網狀石脈紋通常是棕色的褐鐵礦或黑色的砂岩（sandstone）等礦物，強光與汗水、油漬、化妝品等的侵蝕會讓土耳其石的藍色變成綠色，另外高溫會讓土耳其石原本所帶有的水分逸失，使土耳其石轉變成綠色，所以佩戴土耳其石要格外小心，以免褪色或變色。

土耳其石經常散布著棕或灰黑色的褐鐵礦與黑色砂岩網狀石脈紋

土耳其石的處理和仿品

　　常見的土耳其石處理方式多半集中於改善顏色，因為它是多孔性（porous）的寶石，最早是用油或蠟浸泡，使顏色顯得更藍且透明度增高，缺點是不持久，一段時間後原有的綠色會再度顯現；現在則用塑膠、樹脂類等物質充填，效果持久，不過充填物會使比重降低，很容易鑑別出來。吉爾森（Gilson）公司推出的人造土耳其石，成分與外觀都是模仿高品質的土耳其石，一般用肉眼無法鑑別，最好是經專家以顯微鏡來鑑定，一般消費者無法從寶石外觀判定出來。

造型優美的土耳其石墜飾

Tips ▸▸ 選購 ｜ 土耳其石 ｜ 小祕訣

❶ 土耳其石多半切磨成圓珠狀或凸圓面的蛋面形式，也有許多不規則形狀的飾品只經拋光，沒有固定的切割外型。

❷ 極少數的上品土耳其石是半透明的質地，大部分都是不透明的，土耳其石的品質好壞幾乎完全取決於顏色，顏色越純淨價格越高；若是顏色純淨又沒有任何網狀石脈貫穿，則是很罕見的土耳其石，價格當然就相當高昂了。

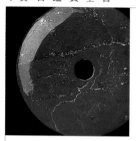

青金石 |布滿星星的藍色宇宙|

LAPIS LAZULI

你看過太空劇場中星光閃閃的藍色宇宙嗎？藍色夜空中一望無際的銀河系綴著金色閃閃發亮的星星，這就是青金石典型的外貌，帶一點紫的深藍色調是青金石最獨特的顏色，在遙遠的古老年代，青金石的地位非常崇高，它與土耳其石都是最受重視的不透明藍色寶石，直到十七世紀切磨工業發達以後，人們的興趣轉向光澤閃亮的透明寶石，青金石似乎逐漸被世人所遺忘。隨著近幾年復古風再現，青金石的神祕色彩又受到消費者的青睞，再度活躍於寶石市場上。

lapis lazuli profile

青金石小檔案

折射率	1.50～1.67
色散率	None
比重	2.5～3.0
硬度	5～6
化學式	Na（Al_6Si_6O_{24}）S_2
結晶型式	聚合體Aggregate

青金石名稱的由來與傳說

青金石Lapis Lazuli的名稱是由兩種語文組合而來的，Lapis源自拉丁文，意思是石頭，Lazuli來自波斯語，意指藍色，組合起來就是藍色的石頭。

古埃及歷代相傳的《死者之書》中記載，以青金石切割成眼睛的形狀，配上黃金的太陽之眼，能夠守護死者並給予勇氣，從埃及法老王墳墓挖掘出土的黃金面具上確實鑲嵌著許多青金石，當時青金石尊貴的地位只有王族與祭司能夠使用。在古代的亞述王國與巴比倫王國出土的文物中，也有許多印章及飾物是青金石製品，據說刻著摩西十誡的石版也是青金石。

lapis lazuli story

青│金│石│的│產│地

品質最佳的青金石產於阿富汗，其他產地還有獨立國協、美國、智利、加拿大與緬甸。

在古代青金石也被用來當成治療許多疾病的特效藥，尤其對眼疾、羊癲瘋與皮膚病特別有效，據說佩戴青金石還可以讓肌膚變得更為美麗。中古世紀歐洲許多城堡的窗櫺、門框都是以青金石為裝飾，當時

人們相信藍色是最能抵禦惡魔入侵的顏色，所以皇室貴族們多以尊貴的青金石來粧點宮殿。另外，從遠古到文藝復興時代，青金石是被用來作為藍色的顏料。

青金石的特性

特殊的紫藍色間摻雜著金色光點或白色斑點，是青金石的外觀特徵，它是多種礦物的聚合體，主要的礦物成分是青金石（Lazurite）礦物間雜著黃鐵礦（Pyrite）、方解石（Calcite）等礦物，閃耀著金色的金屬光點就是黃鐵礦，而白色斑點則多為

青金石蛋面戒指。廖家威攝影・伊勢丹珠寶提供

方解石，因此青金石是一種岩石，純的青金石折射率為1.50，因含有大量方解石等其他礦物，實際測得的折射率可高達至1.67左右，比重2.5～3.0，硬度介於5～6之間，質地為不透明的紫藍色寶石，方解石含量較高的青金石硬度稍低且顏色較淡。

Tips ▸▸ 選購｜青金石｜小祕訣

❶ 顏色美麗的青金石多半切磨成圓珠或蛋面製成首飾，也有些被雕刻成各種雕件、擺飾，更有些則是直接以整塊的青金石原礦銷售。

❷ 青金石的挑選以顏色鮮明為首要考量，顏色太淺是因方解石含量較高，硬度偏低而易磨損，太深則因黃鐵礦含量較高，顏色變得黯淡而不吸引人，原則上青金石所夾雜的共生礦物越少越好，但完全純淨無任何共生礦物的青金石非常稀少，市場上並不常見。

碧璽 ｜寶石世界的萬花筒｜
TOURMALINE

碧璽是所有寶石中顏色種類最多的，從單一顏色的紅、綠、黃、藍等，到具有雙色、三色的碧璽都很常見，在天然寶石中很少有其他寶石能以如此多元化的面貌同時出現在市場上，所以用「萬花筒」形容碧璽在寶石世界中所扮演的角色再恰當不過了。顏色多元化與平實的價格使得碧璽在珠寶設計的領域上，比起當紅的鑽石、紅藍寶石等貴重寶石更受歡迎，事實上碧璽不僅顏色種類多，還具備了淨度佳、寶石結晶大等多項優點，近幾年在珠寶市場銷售上屢創佳績。

tourmaline profile

碧璽小檔案

折射率	1.616～1.655
雙折射率差	0.018～0.040
色散率	0.017
比重	3.00～3.26
硬度	7～7.5
化學式	(Ca,K,Na) $(Al,Fe,Li,Mg,Mn)_3$ $(Al,Cr,Fe,V)_6$ $(BO_3)_3Si_6O_{18}(OH,F)_4$
結晶型式	六方晶系 Hexagonal

排入生日石而家喻戶曉

碧璽是十月份的生日石，原本生日石中並沒有碧璽，因為在最早生日石的制度訂定時，碧璽的知名度並不高，西元1912年，美國珠寶同業協會決定將十月份生日石由原本的綠柱石改成碧璽，才大大提高了碧璽的知名度；當時有人批評此舉是美國的國家主義作祟，質疑美國是為了提昇自己國家的寶石才做此更改，因為在巴西大量的碧璽礦藏還未被世人熟知之前，美國加州出產的粉紅碧璽與緬因州的綠碧璽是全世界最著名的，不過由於生日石的推廣，現在碧璽已經成為家喻戶曉的貴重寶石了。

碧璽名稱的由來

碧璽在礦物學上的名稱叫做電氣石，碧璽是寶石業界所採用的名字，為什麼電氣石在寶石上被稱為碧璽，目前已找不到可供考據的答案，不過「璽」字在中國指的是皇帝用的印鑑，據傳慈禧太后非常喜歡西瓜碧璽，

碧璽戒指。
Sifen Chang張煦棻提供

Sifen Chang張煦棻提供

碧｜璽｜的｜熱｜電｜效｜應｜與｜壓｜電｜效｜應

將碧璽加熱後，晶體的兩端會分別帶有正負不同的電荷，這就是碧璽獨特的熱電效應，人們利用此一效應來清除煙管中的煙灰，所有寶石中只有碧璽具有此種效應，這也是為何礦物學上將碧璽稱為電氣石的原因。另外還有一種效應稱為壓電效應，又稱為交電效應，當碧璽的兩端受壓時也會呈現帶有不同電荷的反應，所有寶石中只有石英具有相同的壓電效應，石英的這種效應被運用在鐘錶工業上，而碧璽的兩種特殊效應可用來測定發光強度與壓力變化，被廣泛運用於光學產業上。

而且碧璽在清朝受歡迎的程度不下翡翠，當時垂簾聽政的慈禧太后會不會就是碧璽這個名字的創始者呢？或許她就是碧璽名稱的來源。

西元1703年，荷蘭人將原本產於錫蘭（斯里蘭卡）的碧璽傳入歐洲，並將這種石頭以錫蘭語命名為Turamali，這個字原始的意義並無任何考據資料，不過可以確定的是碧璽在中古時期的歐洲就已經出現了，當時的歐洲人摩擦加熱細長棒狀的電氣石，用來清除煙管中沉積的煙灰與灰塵，因此當時人們稱碧璽為aschentrekker，意思是去除煙灰的石頭。有很長一段時間人們一直以這個名稱來稱呼碧璽，因為在過去碧璽對於他們僅止於實用的去除煙灰功能，這是因為碧璽具有相當獨特的熱電效應（Pyroelectricity），此外碧璽還具有一種與石英相同的壓電效應。

碧璽神祕力量的傳說

打從寶石出現於人類歷史開始，除了當作美麗的裝飾品外，更讓人關注與津津樂道的是寶石的神祕力量，自古代開始人們就深信寶石具有神祕的力量與奇異的治療效果，以現今的醫療科學眼光看來，雖然有些並不足以採信，但依舊吸引無數好奇的人士用各種方式一探究竟。

在美國就有一群超能力者，對寶石以波動科學的理論來探討寶石的神祕力量。碧璽的獨特效應根據超能力者的研究有神奇的功效，首先是碧璽會引起腸子的反應，具有分解腸內堆積物的力量，將它沿著腸子移動，碧璽的波動頻率會通過身體在腸內被吸收，而黃色與青紫色的碧璽對於肝臟與腎臟有良好的功用；另一

位超能力者提出西瓜碧璽具有陰陽元素的結合，對癌症有預防的功用，可以阻止癌細胞生長，雖然沒有治療能力卻有預防癌症的效果。當然這些並非醫學的研究文獻，只是針對碧璽神祕力量的探討，提供給大家參考。

碧璽的特性

　　化學成分複雜使得碧璽的化學式就像老太婆的裹腳布一樣又臭又長，基本上碧璽是一群硼酸鹽與矽酸鹽與多種金屬元素組合而成的化合物，正因為它的化學成分如此複雜，碧璽才會有如此多元化的色彩。

　　碧璽不僅色澤艷麗，還有很強的多色性，因此由不同方向觀察碧璽的結晶常呈現不同的顏色。碧璽的結晶

良和時尚珠寶提供

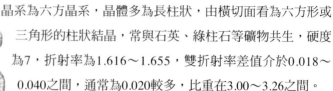

西瓜碧璽耳環。
良和時尚珠寶提供

晶系為六方晶系，晶體多為長柱狀，由橫切面看為六方形或三角形的柱狀結晶，常與石英、綠柱石等礦物共生，硬度為7，折射率為1.616～1.655，雙折射率差值介於0.018～0.040之間，通常為0.020較多，比重在3.00～3.26之間。

碧璽的種類

碧璽的顏色非常多，市場上依顏色來區分可大致分為下列十餘種。

• **紅碧璽（Rubellite）**：紅碧璽是所有紅色的碧璽之總稱，包括正紅、粉紅、紫紅、橘紅至棕紅色的碧璽，紅碧璽英文rubellite與紅寶石ruby都源自拉丁語「紅色」的含意，業界因此將紅碧璽又稱為紅寶碧璽，但紅寶碧璽是碧璽而非紅寶石；紅碧璽是碧璽當中價值比較高的，而紅色碧璽當中又以顏色像紅寶石一樣的鮮紅色碧璽價格最高。

• **綠碧璽（Verdelite）**：黃綠到藍綠色的碧璽稱為綠碧璽。綠色是碧璽最常出現的顏色，通常都帶有不同的色調。

綠碧璽。
靚睛金珠寶提供

• **鉻綠碧璽（Chrome Tourmaline）**：鉻綠碧璽專用來稱呼顏色像祖母綠般濃綠的綠碧璽，原本指的是因含有鉻元素使碧璽帶有純淨鮮豔的綠色而命名，不過研究後發現，有些這種美麗的綠色其實是因含有釩致色的關係，但鉻綠碧璽已經成為所有近似祖母綠顏色的名稱了，巴西所產的這種美麗的碧璽，甚至有「巴西祖母綠」之稱號。

• **藍碧璽（Indicolite）**：從帶綠的藍色到帶紫色調的藍色都屬藍碧璽，顏色有如萬里晴空般的澄淨湛藍。

• **帕拉伊巴碧璽（Paraiba Tournaline）**：西元1989年在巴西帕拉伊巴州發現這種綠藍

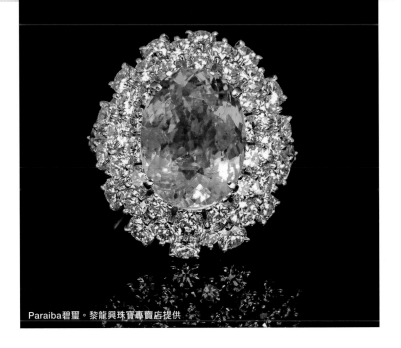

Paraiba碧璽。黎龍興珠寶專賣店提供

色的碧璽品種，便以產地為其命名，帕拉伊巴碧璽與前面藍色碧璽不同之處，在於其有如霓虹般亮眼的綠藍色調，一般藍碧璽的致色元素是鐵，而這種綠藍色調的帕拉伊巴碧璽則是因銅與錳而致色，本世紀在非洲也發現了這種霓虹藍的碧璽礦脈，卻引起寶石名稱使用上的爭議，最後決定只要是銅與錳致色的綠藍色碧璽都可以稱為帕拉伊巴碧璽。

• **黃色與棕色碧璽（Dravite）**：所有黃色到棕色的碧璽，價格平實，珠寶設計師喜歡用這種碧璽當作搭配顏色的寶石。

• **多色碧璽（Parti-Colored Tourmaline）**：出現多於一種顏色以上的碧璽，兩種顏色稱為雙色碧璽（Bi-Colored Tourmaline），三種顏色以上的就稱為多色碧璽。

• **貓眼碧璽（Cat's eye Tourmaline）**：具有貓眼現象的碧璽，其貓眼現象是因為排列整齊的管狀或針狀內含物所形成的，這些內含物通常比其他貓眼現象寶石的內含物粗大，肉眼可見，常見的貓眼碧璽多為綠色或紅色。

雙色碧璽。克拉多珠寶提供

- **西瓜碧璽**（Watermelon Tourmaline）：中央為粉紅或紅色而外圍有一圈綠色的碧璽，狀似西瓜的剖面而得名，清朝的慈禧太后最鍾愛的寶石之一，她的陪葬品中也發現有西瓜碧璽。
- **無色碧璽**（Achroite）：無色的碧璽，在珠寶市場上並不多見，多為工業用途。
- **黑碧璽**（Schorl）：黑色的碧璽通常是不透明的，常出現在透明石英（水晶）晶叢中，有些練氣功的人用黑碧璽的晶體來改善磁場。

具有「明星臉」的碧璽

　　由於顏色種類非常多，碧璽與許多寶石的顏色很接近，對於較少接觸這類寶石的人，乍看之下一時確實很難分辨出來；與碧璽有相似明星臉的寶石不少，較容易引起困擾的有石英類的紫水晶、黃水晶、煙水晶，或是紅碧璽與剛玉的紅寶石、黃綠色的碧璽與橄欖石、藍碧璽與拓帕石（Topaz）及海藍寶等。不過這些寶石都各有不同的寶石特性，很容易在折射率、比重等基本測試上就判別出來，不過最簡單的區別還是碧璽強烈的多色性，只要由不同方向

Sifen Chang張煦棻提供

觀察，很容易看出其多色性的特徵，明顯有顏色深淺與色調不同的現象，這是最快速的區別方式了。

碧璽的玻璃仿品

市場上並沒有人工合成的碧璽，主要是因為其化學成分過於複雜的關係；不過倒是有許多玻璃製品仿製碧璽的顏色，這些玻璃仿品很容易用肉眼辨識，因為玻璃是單折射，而碧璽為雙折射，而且碧璽的多色性是玻璃仿品無法製造的天然效果，玻璃製品的顏色一般較為死板，與碧璽豐富活潑的色調有極大不同。

色澤鮮豔的粉紅碧璽戒指

Tips ▶▶ 選購 | 碧璽 | 小祕訣

多色碧璽。
良和時尚珠寶提供

❶ 切割方式：碧璽的結晶多呈長柱狀，結晶大淨度也高，祖母綠型的長形或方形切割最為常見；還有許多切成蛋面形狀，像一顆顆透明的糖果般呈現美麗的色澤，也很受歡迎；另外像西瓜碧璽等中央與外圍顏色不同的碧璽，多半是由碧璽結晶的橫切面切割，以顯示特殊的多色效應；也有雕刻師利用碧璽多色特性雕刻出漂亮的葉片、花朵等造型，獨樹一格的顏色搭配讓碧璽的風格更為突出。

❷ 價格實惠：碧璽的價格比起鑽石、剛玉等貴重寶石便宜，顏色又相當鮮豔，多種顏色搭配鑲製成珠寶佩戴效果頗佳，可用實惠的價格挑選到顏色佳淨度又高的碧璽。

❸ 顏色：具有如紅寶石般火紅鮮豔色澤的碧璽是價格最高的，而西瓜碧璽中央的顏色愈紅，外圍的綠色鮮明而完整的價格較高，如果是雙色碧璽，需視顏色的對比程度，與顏色的交界明顯又細又直的最佳，顏色的搭配以紅綠雙色最受青睞，其他顏色搭配得宜也有不錯的效果。

❹ 貓眼現象：碧璽的貓眼現象比其他寶石的貓眼稍粗，眼線仍以正中直而密度高為上選，因為碧璽的貓眼現象是由內含的管狀物所形成，內含物排列非常均勻相當不容易。若眼線的靈活度佳更好，佩戴在身上或手指上時會隨著光線移動而在寶石中央游移，閃閃動人非常亮麗。

石榴石

|族譜繁複的寶石家族|

GARNET

石榴石是一群顏色不同、結晶構造相同、化學成分相近的矽酸鹽礦物總稱，是一月份的生日石。許多人對石榴石的刻版印象都是紅色的，但石榴石其實也有許多其他顏色。因所含的金屬元素不同，使得石榴石具有不同的化學組成，雖然同屬石榴石家族，各類型的石榴石特性卻不盡相同，所以石榴石可以說是寶石族譜最為繁複的一種寶石。大部分的石榴石價格都算便宜，甚至讓人有點廉價的感覺，不過經過嚴格挑選的高品質石榴石也能化身成美麗的珠寶飾品。

garnet profile

石榴石小檔案

折射率

鈣鐵榴石	1.888
錳鋁榴石	1.810
鐵鋁榴石	1.790
鎂鋁榴石	1.720～1.756
鈣鋁榴石	1.720～1.740
鈣鉻榴石	1.870

色散率

鈣鐵榴石	0.057
錳鋁榴石	0.024
鐵鋁榴石	0.027
鎂鋁榴石	0.022
鈣鋁榴石	0.027
鈣鉻榴石	None

比重

鈣鐵榴石	3.82～3.85
錳鋁榴石	3.95～4.20
鐵鋁榴石	4.12～4.20
鎂鋁榴石	3.65～3.80
鈣鋁榴石	3.60～3.68
鈣鉻榴石	3.77

硬度　　6.5～7.5

化學式

鈣鐵榴石	$Ca_3Fe_2(SiO_4)$
錳鋁榴石	$Mn_3Al_2(SiO_4)$
鐵鋁榴石	$Fe_3Al_2(SiO_4)$
鎂鋁榴石	$Mg_3Al_2(SiO_4)$
鈣鋁榴石	$Ca_3Al_2(SiO_4)$
鈣鉻榴石	$Ca_3Cr_2(SiO_4)$

結晶型式	等軸晶系Isometric

石榴石的大致分類

根據化學成分的不同，石榴石大致可以分成以下六大類：鈣鐵榴石（Andradite）、錳鋁榴石（Spessartite）、鐵鋁榴石（Almandite）、鎂鋁榴石（Pyrope）、鈣鋁榴石（Grossularite）、鈣鉻榴石（Uvarvite）。這六大類的石榴石雖然是依照化學組成來歸類，但是這六類之間經常發生彼此相互置換的情形，就是化學上所稱的固溶體，換句話說，石榴石經常同時具有兩種化學組成的成分，例如：粉紅榴石（Rhodolite）就是一種介於鎂鋁榴石與鐵鋁榴石之間的中間礦物，因此要詳盡分析石榴石的成分種類是非常複雜的工作，這項工作還是交給專家去傷腦筋，我們要討論的是寶石市場上的各種石榴石。

顏色鮮艷的石榴石戒指媲美紅寶石。La Stella珠寶提供

石榴石的特性

石榴石的名稱Garnet由拉丁文Granatus演化而來，因為其結晶多為顆粒狀，類似成

石榴石典型的顏色是暗一點的紅色。金匠珠寶提供

良和時尚珠寶提供

熟的石榴子果實而得名。石榴石是等軸晶系的單折射寶石，硬度約為6.5至7.5之間，韌度佳，含有不同金屬元素的矽酸鹽類礦物，因所含的金屬元素不同而將石榴石分成六大類，各類石榴石的折射率等光學特性與比重有些差異，也因此石榴石具有紅、黃、橘、綠等各種不同的顏色，各色石榴石因產量多寡而有價位上的差距。

常見的石榴石種類

因為種類的繁雜，石榴石在寶石市場上常以商業名稱銷售，價格的貴賤也有很大差別，本書以寶石市場中較常見的石榴石做介紹，以下就是市場上較常見的種類。

• **鐵鋁榴石**：市場上稱之為貴石榴石，是最常見的一種石榴石，通常成暗紅色或深紫紅色，雖然名為貴石榴石，但因普遍所以價位低廉，市場上的石榴石大部分都屬此類。

• **鎂鋁榴石**：也稱紅榴石，英文名稱Pyrope，源自希臘文「火」的意思，因為鎂鋁榴石的紅艷色澤而得名，有時也被稱為開普紅寶石（Cape Ruby），因為顏色最接近紅寶石，很容易與紅寶石混淆，過去也被當成是紅寶石，兩者的差別在於其折射率與比重，

紅寶石為雙折射與石榴石的單折射很容易鑑別出來。在十八、十九世紀的時候，鎂鋁榴石在歐洲非常流行。

• **玫瑰榴石**：同時具有鐵鋁榴石與鎂鋁榴石兩者成分的石榴石，玫瑰粉紅至紫紅色的石榴石，因顏色美麗而廣受喜愛，Rhodolite的名稱就是源自希臘文的玫瑰，市場上稱為玫瑰榴石或薔薇榴石。

• **錳鋁榴石**：黃橘到橘紅色的艷麗色澤是錳鋁榴石的特色，Spessartite是以其發現地點德國巴伐利亞省Spessart地區而命名，市場上錳鋁榴石的商業名稱不少，早期的荷蘭石（Hollandine）是含有少量鎂鋁榴石的錳鋁榴石，荷蘭石最早由荷蘭探險家在非洲發現，為對荷蘭皇室表達敬意，以荷蘭石名之。近年來市場上將發現於非洲納米比亞的濃艷亮橘色石榴石稱為香橙榴石（Mandarin Garnet），其實就是錳鋁榴石。錳鋁榴石與彩色剛玉的橘色剛玉顏色相近，橘色剛玉的雙折射與石榴石的單折射，兩者折射率不同，很容易鑑別出來。

• **鈣鐵榴石**：鈣鐵榴石中的翠榴石（Demantoid）是所有石榴石中價位最高的，顏色為黃綠色至綠色，翠榴石（0.057）具有比鑽石（0.044）還高的色散率，所以切割後的火光極佳，Demantoid的名稱就是以其具有如鑽石的光澤（Diamond-like Luster）而來的。

其他的鈣鐵榴石還有黑色與黃棕色的種類，甚少作為寶石用途，市場上也極為罕見。

• **鈣鋁榴石**：鈣鋁榴石Grossular的名稱來自醋栗（gooseberry），自1960年代起就已經有鈣鋁榴石品種的寶石活絡於珠寶市場，是六類石榴石中寶石種類最多的一類，目前市場上主要 的鈣鋁榴石品種有：

翠榴石。黎龍興珠寶專賣店提供

綠石榴墜。
良和時尚珠寶提供

玫瑰榴石。
名威珠寶設計提供

市場上的香橙榴石就是錳鋁榴石。克拉多珠寶提供

garnet story

石 榴 石 的 產 地

不同區域的各類石榴石，因形成的地質條件不同而有些差異，鈣鐵榴石的產地在獨立國協（前蘇聯）；錳鋁榴石產於巴西、美國與斯里蘭卡；鐵鋁榴石產於印度與斯里蘭卡；鎂鋁榴石產在南非、東非、美國與斯里蘭卡；鈣鋁榴石則產於斯里蘭卡、肯亞與坦尚尼亞；而水鈣鋁榴石主要產於南非與加拿大。

沙弗石。克拉多珠寶提供

肉桂石。
克拉多珠寶提供

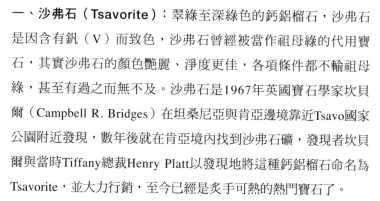

水鈣鋁榴石。

一、沙弗石（Tsavorite）：翠綠至深綠色的鈣鋁榴石，沙弗石是因含有釩（V）而致色，沙弗石曾經被當作祖母綠的代用寶石，其實沙弗石的顏色艷麗、淨度更佳，各項條件都不輸祖母綠，甚至有過之而無不及。沙弗石是1967年英國寶石學家坎貝爾（Campbell R. Bridges）在坦桑尼亞與肯亞邊境靠近Tsavo國家公園附近發現，數年後就在肯亞境內找到沙弗石礦，發現者坎貝爾與當時Tiffany總裁Henry Platt以發現地將這種鈣鋁榴石命名為Tsavorite，並大力行銷，至今已經是炙手可熱的熱門寶石了。

二、肉桂石（Hessonite）：橘棕色的鈣鋁榴石，類似肉桂的顏色而稱為肉桂石（Cinnamon Stone），肉桂石與錳鋁榴石同為橘色系的石榴石，容易混淆，其實肉桂石的顏色較偏棕色系，而錳鋁榴石多半屬於橘色至橘紅色系，此外也可以測量比重與折射率來鑑別兩者。

三、水鈣鋁榴石（Hydrogrossular）：綠色、黃褐色半透明至不透明的鈣鋁榴石，內含鉻鐵礦或磁鐵礦等深色內含物，外觀近似翡翠，屬於翡翠的類似寶石之一，也因此有個商業名稱叫做非洲玉（Transvaal Jade），然而兩者折射率、比重等特性都不同，很容易鑑定區分出來。

三顆明星臉的綠色寶石由左至右分別為：沙弗石、鉻綠碧璽、鉻透輝石。

明星臉寶石：
三顆相像的綠色寶石，你認得出來嗎？

在寶石學尚未發達的年代，顏色、外觀相像的寶石常被誤認，甚至用同樣的名字稱呼，經常造成寶石品種的混淆，令人搞不清楚，早期消費者只懂得少數幾種貴重寶石，不少寶石因此被冠上其他寶石的商業名稱來銷售，一些知名度比較低或後來出現的寶石，更被冠上某某寶石替代品來銷售，尖晶石就是最典型的例子，由於歷史上幾顆有名的紅寶石後來確認是紅色尖晶石，過去珠寶市場紅色尖晶石又常被冠以紅寶石替代品來銷售，使得尖晶石很長一段時間背負著替代寶石的身分，直至這些年，尖晶石身價翻升，終於擺脫替身的命運，有尖晶石的前車之鑑，未免一些後起之秀的寶石又被套上替身的枷鎖，埋沒了寶石原本的風華，不如用「明星臉」來比擬寶石世界裡顏色、外觀近似的寶石。

細數明星臉寶石還真不少，不過多半仍以類似數種貴重寶石的顏色與外觀為主，比方說綠色以祖母綠為首，艷綠的鉻綠碧璽商業名稱便被稱為巴西祖母綠、綠色剛玉也被稱為東方祖母綠，沙弗石也曾被冠以祖母綠代用品行銷，但我覺得鉻綠碧璽和沙弗石還比較相像，與祖母綠反而不那麼相像呢！上方圖片三顆明星臉的綠色寶石你認出來了嗎？

藍色磷灰石：由於Paraiba碧璽方興未艾，使得顏色類似的藍色磷灰石也跟著火了一把。克拉多珠寶提供

綠石榴石耳環。良和時尚珠寶提供

Tips ►► 選購 | 石榴石 | 小祕訣

❶ 樣式：石榴石的切割有各式各樣的刻面寶石，也有做成小雕件的，但石榴石的結晶一般不大，所以很少有非常碩大的寶石。

❷ 淨度與切工：以價格言之，石榴石占了物美價廉的優勢，只要懂得慎選美麗的石榴石就能以最合理的價格買到高貴而不貴的華麗珠寶，挑選時以淨度高者為優先，肉眼看不見內含物為原則，最重要的是選擇切工很好的石榴石，讓石榴石能有更佳的光澤，達到最佳的效果。

拓帕石

空谷中的幽蘭

TOPAZ

相對於艷光四射的華麗寶石，拓帕石就像是空谷中的幽蘭一樣，靜靜綻放優雅的氣質。與閃亮的鑽石、艷紅的紅寶石、嬌貴的祖母綠比起來，拓帕石有著一種樸實中卻又摻雜著一點華麗的獨特美感。拓帕石是十一月份的生日石，清新又優雅的色調適合所有年齡層佩帶，可以是成熟優雅的風格，也適合輕鬆休閒的打扮，價格也不算高，是集華麗與樸實於一身的寶石。

金匠珠寶提供

topaz profile

拓帕石小檔案

折射率	1.619～1.637
雙折射率差	0.008～0.010
色散率	0.014
比重	3.50～3.57
硬度	8
化學式	$Al_2(F,OH)_2$ SiO_4
結晶型系	斜方晶系 Orthorhombic

礦物學上稱為黃玉

在古代，所有黃色至棕色系列的寶石都稱為拓帕石，到了十八世紀拓帕石才成為一種獨立的礦物與寶石名稱。在礦物學上稱為黃玉，因為最早發現的拓帕石是黃色的，早期的翻譯名稱通常將有價值的寶石以「玉」名之，像剛玉、金綠玉等，但是有時會造成消費者對名稱的混淆，所以珠寶業界逐漸改以譯音「拓帕石」來稱呼這種寶石。顏色鮮豔強烈的拓帕石較為罕見，常見的顏色是天藍色、黃色、黃綠色或淡棕色，另外還有粉紅與橘色價位較高的拓帕石，其中價值最高的顏色是像雪莉酒的顏色，橘色中帶有一點微紅色調，被稱為帝王拓帕石（Imperial Topaz）。

拓帕石名稱的由來

據說有一位埃及王妃企圖刺殺法老王，卻因事跡敗露而被流放到紅海上一個小島——拓巴索斯（Topazos），原文是「找尋」之意，因為這個島終年濃霧籠罩，船員必須辛苦的尋找才能抵達，因此被命名為找尋；而這位氣質高雅的王妃深獲島民的喜愛，島上的領主送給她一種有如太陽般閃耀的金黃色寶石，也就是拓帕

La Stella珠寶提供

黃水晶與拓帕石搭配的銀製戒指。La Stella珠寶提供

石，這座島嶼也因此成為拓帕石名稱的來源。另外還有一種說法是Topaz源自印度梵文Tapas，意思是火，所以印度人稱拓帕石為火之石。

拓帕石的傳說

　　古埃及人認為具有黃金般光輝的拓帕石象徵賦予生命的太陽神，佩戴它可受到太陽神的護佑，同時也是美與健康的守護石。古希臘人視拓帕石為「力石」，具有神奇的強大力量，是治療肝臟、腎臟、水腫的特效藥。東方的靈媒與巫師在與冥界溝通時，也以拓帕石為神石。

　　據說在失眠的夜晚，戴上拓帕石戒指，將手放在額頭上，就可以安然入夢；中世紀的古書上也曾有記載，枕頭下放著拓帕石睡覺能恢復體力，第二天一早醒來會覺得精神充沛，雖然沒有醫學證實這種說法，但有興趣的朋友不妨試試。

topaz story

拓｜帕｜石｜的｜產｜地

　　目前市場上最主要的拓帕石產地是巴西、斯里蘭卡與俄羅斯，其他的產地還有奈及利亞、澳洲、緬甸、墨西哥與美國。

粉紅拓帕石墜。
良和時尚珠寶提供

拓帕石的特性

拓帕石是一種鋁矽酸鹽的氟化物或氫氧化物，屬於斜方晶系的礦物，折射率為1.619～1.637，雙折射率差為0.008～0.010，比重約為3.53左右，硬度為8，僅次於紅、藍寶石的剛玉，但韌度很差，因為拓帕石結晶有一組完美的解理，解理是礦物結晶中沿著一個特定方向可以被劈開的平面，這個解理面與礦物結晶的晶格構造有關，而拓帕石就是因為有這組解理，所以在切磨時需格外小心，不當的壓力會讓拓帕石順著解理面裂開。

拓帕石對於高溫較為敏感，瞬間的加熱會導致裂紋產生，高溫也會使拓帕石變色或褪色，聽說在國外有人戴著拓帕石戒指到海灘玩耍，回家後發現原本藍色的拓帕石變成無色的，其實強光對拓帕石的影響尚不至於會褪色，這種情形應該是由於強烈的陽光直射拓帕石，以致溫度過高才會有這樣的結果，所以還是應該盡量避免高熱。

拓帕石的種類

- **帝王拓帕石**：顏色呈中度到較深的紅橘色（reddish orange）拓帕石，是價格最高的拓帕石種類，有時顏色較淡的金黃橘色拓帕石也被稱為帝王拓帕石，價格隨顏色深淺而稍有不同。

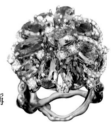

粉色橙色拓帕石。
黎龍興珠寶專賣店提供

- **粉紅拓帕石（Pink Topaz）**：粉紅色的拓帕石，粉嫩的色調最受年輕族群的喜愛，價格僅次於帝王拓帕石。

帝王拓帕石。克拉多珠寶提供

- **金黃拓帕石（Golden Topaz）**：淡黃至金黃色的拓帕石，價格比帝王拓帕石低一些，金黃色調是最受歡迎的種類。

- **藍色拓帕石（Blue Topaz）**：淡藍到較深的天藍色拓帕石，是寶石市場上最常見的拓帕石種類，價格便宜、顏色清爽，是年輕女孩最喜歡的寶石之一。

- **無色拓帕石（Colorless Topaz）**：在一頂葡萄牙的

王冠上，過去一直被認為是鑽石的寶石其實是無色的拓帕石。珠寶業界將它戲稱為「奴隸的鑽石」（slave's diamond），因為其價格與真正的鑽石相差很多，雖然常被切割成像鑽石的明亮形切割，但與鑽石光彩有很大的差別，所以很容易看出。

拓帕石的處理

有些粉紅色的拓帕石是淡黃色的拓帕石加熱後所形成的，這種加熱處理已經有數世紀的歷史了，有些中古世紀的古董珠寶上所鑲的粉紅拓帕石就是加熱處理的，因為以這種方式處理顏色穩定而持久，所以在業界是可以被接受的，不用追究粉紅色到底是天然的或是加熱後的結果。

目前市場上的藍色拓帕石有許多是經過輻射處理的，這是將無色拓帕石經輻射後變成美麗的天藍色，只要沒有過劑量的輻射殘留，這種處理也是業界所允許的處理方式。

La Stella珠寶提供

Tips ▸▸ 選購｜拓帕石｜小祕訣

❶ 形式：拓帕石有不同形式的刻面切割，橢圓、長方形、梨形都很普遍，只要能顯現美麗的顏色與光澤就是好的切割。

❷ 比重：海藍寶石、摩根石、黃水晶、粉紅色碧璽、黃色碧璽、粉紅剛玉等寶石與拓帕石顏色及外型相近，讓人一時難以分辨，最快速分辨的方法是比重，將寶石丟入比重3.32的二碘甲烷比重液中，碧璽、綠柱石與水晶類的寶石的比重都比二碘甲烷低，所以會浮起來，而會下沉的剛玉與拓帕石只要量一下折射率就可以分辨出來了。

❸ 顏色：選擇拓帕石盡量以顏色均勻、濃度高一點的為佳，顏色太淺的價位相對低許多，當然個人的喜好是最重要的。另外，拓帕石的結晶通常很大，所以大克拉數的拓帕石很常見。

❹ 佩戴：拓帕石會因高熱而褪色，所以盡量避免佩戴拓帕石烹飪或接近溫度高的地方，而鑲嵌時也要特別小心焊接時的高溫。

尖晶石 ｜酷似紅寶的火光寶石｜
SPINEL

尖晶石在過去一直被當作紅寶石，因為它通常與紅寶石共生，而且外型又酷似紅寶石。歷史上有些著名的紅寶石事實上是尖晶石，例如：英國皇冠上的黑王子紅寶（Black Prince's Ruby）與鑲嵌在一條鑽鍊上的鐵木紅寶（Timur Ruby），其實都是紅色尖晶石。過去尖晶石被稱為「Balas ruby」，Balas是阿富汗北部Badakshan之稱呼，中世紀時期，當地所產的巨大尖晶石被當作紅寶石。直到今日，仍有人稱紅尖晶石為「紅寶尖晶石」（Ruby Spinel）。

spinel profile

尖晶石小檔案

折射率	1.712～1.736
色散率	0.026
比重	3.58～3.61
硬度	8
化學式	$MgOAl_2O_3$
結晶型式	等軸晶系Isometric

歷史烙印的寶石

為什麼曾經風靡一時的寶石，現在卻似乎受盡了世人的冷落呢？最大的原因大概是人們無法忘卻尖晶石「權充」名貴紅寶石的過去，使得當它以尖晶石的身分進入珠寶市場時，除了成為收藏家櫃子裡的嬌客外，卻很少人將它當做貴重寶石製成珠寶飾品。酷似紅寶的外觀，加上人造尖晶石又常被當作許多寶石的代用品，使得它被扣上「寶石替代品」的帽子而聲名狼籍，有些寶石商人也因此刻意迴避尖晶石。其實，尖晶石不但提供人們在購買紅色寶石時多了一種選擇，價格也比紅寶石便宜許多。喜愛紅碧璽與粉紅碧璽的人，尖晶石更是具備了淨度更高、火光更佳的優勢。假如你想買一顆顏色美、品級又高的紅色寶石，卻礙於負擔不起高昂的價格，那麼尖晶石無疑是你最理想的選擇了。

spinel story
尖│晶│石│的│產│地

　　世界上大部分好的尖晶石幾乎全產在緬甸莫谷一帶。除了緬甸，尖晶石的產地還有斯里蘭卡、非洲、阿富汗、高棉與泰國等，而澳洲、馬來西亞、巴西、美國亦有少量生產。

外觀酷似紅寶石的紅色尖晶石戒指。
金匠珠寶提供

紅尖晶。Sifen Chang張煦蓁提供

緬甸紫色尖晶石。
Blitz提供

尖晶石名稱的由來

　　尖晶石Spinel名稱的由來至今仍無法確定，較為可信的說法有兩種：一是源自希臘文Spark，火光之意，形容其紅豔似火的色澤；另一個是來自拉丁語Spina，意即尖端，因為它的結晶外型為等軸晶系，有一個尖銳的角，故以此命名。

粉紅尖晶石。
克拉多珠寶提供

尖晶石的特性

　　尖晶石的顏色很多，除了紅色，還有藍色、粉紅、綠色、棕色及無色等。它是一種含鎂的鋁氧化物（$MgOAl_2O_3$），化學式中的鎂常被鐵或錳所取代，常見的鮮紅色尖晶石的致色元素為鉻與鐵。由於所含的金屬元素不相同，使折射率值有些微的差距，但大多在1.718左右，只有藍色尖晶石會高達1.74，比重介於3.58～3.61之間，硬度8，色散率為0.026。

　　在內含物方面，大多數的尖晶石淨度都遠較剛玉類寶石要高很多。經常出現在尖晶石中的角狀晶體內含物，一般被稱做「亮片」，是一些細小的尖晶石晶體，而風信子石結晶亦常出現於尖晶石之中。

紅色尖晶石。
克拉多珠寶提供

尖晶石的身價

　　即使是在景氣低迷的狀態下，優質尖晶石的行情也不比其受歡迎時期低。若以同樣色澤與品質良好的紅寶與紅色尖晶石來比較的話，尖晶石每克拉的單價大約只要紅寶的1/3。可惜的是價格貴上許多的紅寶石卻賣得較尖晶石快很多，也許是因為過去人們分不清楚紅寶石與尖晶石的不同而導致迷惑，使得天然紅色尖晶石被當成是紅寶贗品，而有「紅寶貴而尖晶賤」的誤解，不過尖晶石的產量雖然較紅寶多，但真正質佳的尖晶石卻可能比良質紅寶更為難求。

spinel story

著│名│的│尖│晶│石

　　歷史上最有名的尖晶石首推英國的鐵木紅寶（Timur Ruby），這顆重達352.2克拉的紅尖晶石至今仍陳列在白金漢宮之中，據說是1398年鐵木依蘭在印度馬德里所獲得的戰利品，歷經數度轉手，最後呈給英國女皇維多利亞，從此成為皇室寶物之一，這顆獨特的寶石上面刻有六個曾擁有它的持有者名字。

絕地尖晶石。克拉多珠寶提供

絕地尖晶石點燃粉色熱潮

　　近幾年來，寶石市場掀起一股絕地尖晶熱潮，鮮豔亮麗的霓虹粉色吸引眾人的目光，更由於產量稀少、顆粒又小，色澤美豔、品質又佳的絕地尖晶一顆難求，身價暴漲，讓收藏家都想納入收藏。

　　絕地尖晶（Jedi Spinel），全名其實是絕地武士尖晶石，由於它帶有螢光感的霓虹粉色令人聯想到電影星際大戰中絕地武士手上的光劍，便以此為名，雖然絕地尖晶尚未被認定為專業的寶石品種名稱，但其鮮豔霓虹的粉色已經博得眾人的喜愛與肯定，市場稱這種霓紅粉的顏色為熱粉色（Hot Pink）。

　　經研究，有這種亮麗的熱粉色是尖晶石當中的鐵含量極低，擁有強烈的螢光反應，而且此種顏色僅產於緬甸納尼亞地區，後來在曼辛地區也有少量熱粉色尖晶石，產地的局限使得熱粉色絕地尖晶價格一飛衝天，連帶紅色、粉紅尖晶也跟著水漲船高，但並非粉紅色尖晶都可以稱為絕地尖晶，必須強螢光的熱粉色才是絕地尖晶，後來在非洲坦尚尼亞馬亨蓋地區也發現

良和時尚珠寶提供

207

顏色媲美絕地尖晶的熱粉色尖晶石，同樣也是由於含鐵量極低、強烈螢光反應的霓虹粉色尖晶，不過此處所產的霓虹尖晶並不稱作絕地尖晶，而是以產地命名為馬亨蓋尖晶。

合成尖晶石

寶石市場中有人造的尖晶石製品，傳統的合成方法是以火熔法合成，近年來也有以助熔法來合成的尖晶石進入市場，助熔法合成的人造尖晶石外觀及內含物更接近天然尖晶石，鑑定上易引起混淆。

人造尖晶石的製造最早在十九世紀中葉時期，原先打算製造藍寶石，為了使晶體能順利生長，須加入一些氧化鎂，卻因此而得到尖晶石。此後，便藉由添加不同的微量元素來製造各種不同顏色的尖晶石，做為其他寶石的人造代用品，例如：天藍色人造尖晶石通常被當作海藍寶的代用品、粉紅色則可充當碧璽等等。

良和時尚珠寶提供

Tips ▸▸ 選購 │ 尖晶石 │ 小祕訣

基本上，人造尖晶石的折射率較天然者稍高，大約是1.728，但天然尖晶石亦可能有此折射率，所以需藉著其他測試來分別天然與人造；合成尖晶石的比重3.64，較天然略高，在偏光鏡下呈現強烈的單折光效應，以上都是鑑別之依據。但是，最主要的區別方式仍是顯微鏡觀察，天然與人造內含物的不同是鑑定的關鍵所在。此外，天藍色合成尖晶石因含有鈷（Co），在濾色鏡之下呈紅色，也是一個有效的鑑別方式。

多種顏色尖晶石搭配出多彩的效果。Sifen Chang張煦棻提供

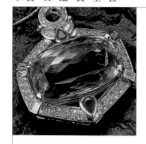

孔賽石

| 脫穎而出的清秀佳人 |

KUNZITE

粉紅到淡紫的孔賽石是粉色系列寶石的最佳代言人，說起孔賽石或許有些人並不熟悉，但其優美的色調卻是收藏家最鍾愛的粉色系列寶石，是一種相當年輕的寶石，在西元**1902**年才經由孔賽博士（**G. F. Kunz**）的介紹成為寶石世界中的新成員。清新的淡紫色調使得它在眾寶石中脫穎而出，雖然資歷年輕卻迅速博得眾人的喜愛，在美國加州的博物館中也看得到它的芳蹤，清秀佳人的魅力果然是不同凡響。

kunzite profile

孔賽石小檔案

折射率	1.655～1.680
雙折射率差	0.015
色散率	0.017
比重	3.15～3.20
硬度	6.5～7
化學式	LiAl（Si$_2$O$_6$）
結晶型式	單斜晶系 Monoclinic

孔賽石名稱的由來

礦物學上孔賽石正式名稱為紫鋰輝石，是鋰輝石礦物中的一種，因為含有錳而呈現有如薰衣草的淡紫色，在1902年由孔賽博士所發現才成為寶石的一種，為了紀念孔賽博士，這個寶石就以他的名字為名。

鋰輝石Spodumene源自希臘文，原本是燒成灰燼的含意，鋰輝石主要的用途其實是提煉鋰（Li）元素，過去並非運用在寶石上，直到發現淡紫色的孔賽石，鋰輝石才成為寶石礦物的種類之一。

良和時尚珠寶提供

鋰輝石的特性

kunzite story

孔│賽│石│的│產│地

最早發現孔賽石的地方是美國加州，其他主要的產地還有馬達加斯加、巴西與緬甸。

鋰輝石的成分是鋰鋁矽酸鹽，屬單斜晶系，除了因含錳而致色的紫鋰輝石（孔賽石）之外，也有其他顏色的鋰輝石，但顏色非常不穩定。此外鋰輝石還有一項共通的特性，就是多色性很強，所以切割時桌面必須

垂直主結晶軸（main axis）的方向，為了讓顏色更為濃郁而美麗，孔賽石通常會切磨成較厚的寶石，讓顏色較為飽和，這都是切割師必須注意的地方。

珠寶市場上鋰輝石寶石只有孔賽石較常出現，其折射率為1.655～1.680，雙折射率差為0.015，色散率為0.017，比重3.15～3.20，硬度6.5～7，但因為它有一組相當完整的解理很容易因碰撞而裂開，所以韌度很差，鑲嵌與佩戴時要十分小心。此外，孔賽石與其他鋰輝石一樣，顏色並不穩定，陽光的曝曬有時會使它褪色，要格外注意。

孔賽石耳環戒指。Sifen Chang張煦棻提供

Tips ▸▸ 選購 ┊ 孔賽石 ┊ 小祕訣

❶ 孔賽石的結晶通常很大，但因韌度低而不易切割，常是厚厚的刻面寶石切割，切割較厚是為了讓孔賽石的顏色更為濃烈之故。

❷ 顏色飽和而濃烈的孔賽石相當罕見，大部分都是呈粉紅或粉紫色，因此與其他粉紅色的寶石外型接近，最重要的區別還是測量其折射率與比重做確切的區別，不過寶石本身的特性使得這些粉色系列的寶石色調還是有些微差異，通常摩根石顏色稍微帶一點紅色調，而粉紅拓帕石是較純的粉紅色而不帶紫色調，相較之下，孔賽石的紫色調就明顯多了，這是簡易的快速判別方法，不過還是提醒消費者，仍需以專家鑑定為準，以免採購時買錯寶石了。

❸ 孔賽石的挑選以顏色為優先考量，顏色越濃品級越佳；再來切工也很重要，因為孔賽石會切得比較厚，切割好壞會影響整個寶石的美觀與價值。

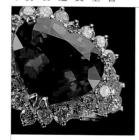

丹泉石

TANZANITE

非洲叢林躍出
的國際巨星

獨樹一格的藍紫色調是丹泉石最吸引人的魅力所在，非洲叢林的嫡系血統更彰顯丹泉石神祕的異國風情。丹泉石僅憑著獨特而優雅的色調，一出現就幸運地躋身貴重寶石之列！丹泉石是屬於一種稱為黝簾石（Zoisite）的礦物，在1805年黝簾石被發現時並未被當成寶石，直到藍紫色的黝簾石（也就是丹泉石）在坦尚尼亞被發現後才成為寶石界的成員之一，珠寶業界只看得到丹泉石的蹤影，甚少聽聞黝簾石這個名稱。

tanzanite profile

丹泉石小檔案

折射率	1.691～1.700
雙折射率差	0.009
色散率	0.030
比重	3.10～3.45
硬度	6.5～7
化學式	$Ca_2Al_3(O/OH/SiO_4/Si_2O_7)$
結晶型式	斜方晶系 Orthorhombic

丹泉石名稱的由來

從非洲草原躍入紐約的第五大道，成為耀眼的國際巨星，就像是平凡的土著小女孩搖身一變，成了伸展台上的名模一般，這都要歸功於美國知名珠寶公司——蒂芙尼；西元1960年代是有色寶石開始大鳴大放的年代，遠征坦尚尼亞的探礦者原本是為了探尋紅寶石而來，卻無意間發現這種美麗藍紫色調的寶石，1968年蒂芙尼公司大量引進丹泉石並開始有計劃行銷，為了彰顯它來自非洲叢林的故鄉，並增添其神祕感，蒂芙尼將這種寶石以發現的國家命名為坦尚尼亞石（Tanzanite），中文以譯音丹泉石稱之。

雙色丹泉石。
克拉多珠寶提供

丹|泉|石|的|產|地

黝簾石的產地散布於歐洲多處與澳洲，但是丹泉石主要的產地只在坦尚尼亞，另外肯亞也有零星的出產。

丹泉石的特性

以寶石特性而言，丹泉石與其他的黝簾石相同，折射率1.691～1.700，雙折射率差為0.009，色散率為0.030，比重介於3.10～3.45之間，硬度稍低為6.5～7，韌度較差，佩戴

時要格外小心避免碰撞。丹泉石具有相當強的多色性，很容易看出藍與紫色的雙色、甚至三色的多色性表現，因此丹泉石在切割時必須格外留意切割的方向才能將最美的顏色呈現出來。顏色越藍的丹泉石等級越高，價格也較高。

米蘭珠寶提供

丹泉石的仿品與鑑別

最初的丹泉石仿品是藍紫色的玻璃製品，只要觀察是否具有強烈的多色性就可區別，而且玻璃是單折射而丹泉石是雙折射寶石。近幾年出現一種新的丹泉石仿品，是經放射處理的天然海藍寶石，不僅顏色幾可亂真，且是雙折射的天然寶石；然而兩者的折射率與比重等特性皆不同，雖然顏色相像但觀察其多色性也可區分。

Tips ▸▸ 選購 丹泉石 小祕訣

良和時尚珠寶提供

❶丹泉石以刻面寶石為主，好的丹泉石光澤佳且火光非常好。

❷丹泉石顯著的多色性現象與特殊的藍紫色調是鑑別上最重要的特徵，目前國際市場上所稱的丹泉石仿品依舊以玻璃製品為主，放射處理的海藍寶石雖然曾在市場上引起討論，但是甚少出現又很容易鑑定出來，所以消費者只要細心觀察是否有明顯的多色性現象就可區分出來，當然有任何懷疑還是請教專家較保險。

❸選購丹泉石以顏色為優先考慮，越接近藍色的價錢越高，然而顏色的飽和度也要夠，顏色太淺的丹泉石價值較低。

❹由於丹泉石產地少且坦尚尼亞政局動盪，因此丹泉石的產量較其他寶石少，價格波動幅度很大，比較沒有確定的價格衡量標準，因此購買前最好能先比較一下，較有保障。

丹泉石。黎龍興珠寶專賣店提供

橄欖石 ｜太陽的寶石｜

PERIDOT

peridot
profile

橄欖石小檔案

折射率	1.654～1.690
雙折射率差	0.035～0.038
色散率	0.020
比重	3.27～3.48
硬度	6.5～7
化學式	(Mg, Fe)$_2$SiO$_4$
結晶型式	斜方晶系 Orthorhombic

標準的橄欖綠色是橄欖石的正字標記，橄欖石的歷史可遠溯至古羅馬時代，當時人們認為橄欖石具有太陽的能量，可以用來治療肌肉疾病和肝臟病，因此將它稱為「太陽寶石」，潛藏於寶石中的太陽能量可以趕走黑暗、驅除邪魔。中世紀時十字軍將原本產於紅海聖約翰島（St. John）的橄欖石傳入歐洲，並在巴洛克時期大放異彩。曾經紅極一時的橄欖石在今天的珠寶市場上似乎風光不再，不過它特殊的橄欖綠色調卻是在寶石世界中無可取代的特色。

明亮的顏色象徵陽光

橄欖石是八月份的生日石，過去橄欖石經常被用在教會用途上，舊約聖經中就有關於橄欖石的記載，稱之為「衣索比亞拓帕石」而廣為世人所知悉，雖然是歷史悠久的寶石，卻不

良和時尚珠寶提供

像其他貴重寶石有許多燒殺擄掠的悲慘故事，沒有厚重的歷史包袱，給人乾乾淨淨的感覺，明亮的顏色象徵陽光的形象，是橄欖石能在眾寶石中占有一席之地，並持續數千年而不墜的主因。

橄欖石名稱的由來

peridot story

橄｜欖｜石｜的｜產｜地

在古埃及時代，紅海上的聖約翰島是橄欖石最主要產地，此地的橄欖石開採距今超過三千五百年的歷史，後來才陸續發現其他的產地，現今世界上主要的橄欖石產地有緬甸、斯里蘭卡、巴西、南非、美國與澳洲。

在寶石學尚未發達的時代，橄欖石與其他顏色相近的礦物並沒有具體的分野，所有這種顏色的寶石都被稱為金黃石（Chrysolite），在拓帕石被發現的時候它還一度被誤認為是拓帕石。礦物學上稱它為Olivine，以其具有類似橄欖的綠色調而命名，從此橄欖石成為一種獨立的寶石礦物名稱。

此外，橄欖石還有其他的別稱，美國的夏威夷過去曾是橄欖石著名的產地，當地稱之為「夏威夷鑽石」；另外歐美人士特別喜歡在晚宴時佩戴橄欖石，因為昏黃的燈光讓橄欖石散發出神祕的光芒，所以有「夜晚祖母綠」（Evening Emerald）的別稱。

橄欖石的特性

橄欖石是一種鎂鐵的矽酸鹽礦物，屬於斜方晶系，折射率為1.654～1.690，雙折

克拉多珠寶提供

率差相當高為0.036，從寶石的桌面往內看底部刻面的稜線成為重疊的雙影，就是因為雙折射率差很高之故，色散率0.020，比重為3.27至3.48，硬度6.5～7。除了典型的黃綠色以外，橄欖石還有其他的顏色，如無色、黃色或褐色，這是因含鎂與鐵的關係，其中褐色是黃綠色鐵橄欖石氧化的結果。

Tips ▸▸ 選購 ｜橄欖石｜小祕訣

❶ 切割型式：市場上常見的橄欖石以刻面與蛋面切割為主，因為大型的橄欖石結晶相當普遍，所以價位很平易近人，選購橄欖石的時候以顏色為優先考量，因為這是決定橄欖石價格的最主要因素，以顏色越濃艷者為上選。

❷ 後刻面稜重影：橄欖石的特徵在於其非常高的雙折射率差，用放大鏡從桌面觀察底部刻面的稜線，就可以看到明顯的雙重影像，這種現象稱為後刻面稜重影現象，許多雙折射率差值高的寶石都有這種現象，是辨別寶石的重要指標之一。

❸ 睡蓮葉：橄欖石有一種特徵內含物稱為睡蓮葉，是由於內含晶體常伴隨有圓盤狀的應力紋路，或者扁平的汽、液態兩相內含物，外觀近似睡蓮葉的形狀。

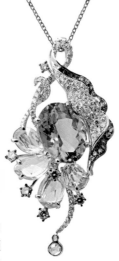

良和時尚珠寶提供

風信子石 |天然的鑽石代用品|

ZIRCON

在合成技術尚未發達之前，學名鋯石的風信子石是最接近鑽石的天然寶石，所以鋯石可以說是鑽石最早的天然代用品，因為它具有相當高的折射率，其色散率直逼天然鑽石，閃耀的火光與鑽石比起來不分軒輊，一度是搶手的鑽石替代品。擺脫了鑽石代用品的陰霾，現在已經有越來越多的消費者了解風信子石，這些年來也逐漸看到風信子石在珠寶市場上佔有一席之地，其中藍色的風信子石是最受歡迎的種類，鑲嵌後的火光與藍鑽非常接近。

zircon profile

風信子石小檔案

折射率	1.78～1.987
雙折射率差	0.059
色散率	0.039
比重	3.90～4.73
硬度	6～7.5
化學式	Zr（SiO₄）
結晶型式	正方晶系 Tetragonal

風信子石被賦予的意義

風信子石與土耳其石都是十二月的生日石，猶太主教胸前佩飾的十二種寶石中就有一顆是風信子石，它代表謙遜的意義；古印度人認為風信子石可以讓頭腦清楚，使人的思慮清晰並獲得智慧與榮譽，如果寶石光芒消失表示危險即將降臨，所以也將它當成護身符佩戴。

La Stella
珠寶提供

風信子石名稱的由來

早在遠古時代鋯石就已經出現在人類歷史中了，鋯石名稱Zircon源自阿拉伯語Zargun，但其含意並沒有確切的說法。中文的風信子石名稱則來自橘紅至紅棕色的鋯石，因類似風信子（hyacinth）的顏色而得名，這種顏色的鋯石就名為Hyacinth，而中文的翻譯就成了風信子石。

天然鋯石。
克拉多珠寶提供

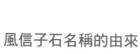

天然藍色鋯石。克拉多珠寶提供

風信子石的特性

風信子石的成分為矽酸鋯，折射率很高1.78～1.987，雙折射率差非常大為0.059，只要用放大鏡從桌面觀察就可以看見雙影的底部切面稜線，因此很容易與鑽石區別，色散率為0.039與鑽石頗為相近，因此切割後火光很好，比重為3.9～4.73，較鑽石高，硬度6～7.5，有無色、黃色、藍色、綠色、橘色與棕色等顏色。

最常見的風信子石顏色為灰棕色與紅棕色，無色與綠色的風信子石非常稀少，棕色的鋯石加熱至攝氏800到1000度時會變成無色或藍色風信子石，但這種處理並不穩定，經日曬或紫外線照射會使顏色再度改變。

金匠珠寶提供

zircon story

風信子石的產地

主要產地在柬埔寨、泰國、緬甸與斯里蘭卡，其他產地還有越南、馬達加斯加、澳洲、坦尚尼亞與法國。

Tips ▸▸ 選購 風信子石 小祕訣

❶ 無色的風信子石多切割成鑽石的明亮式切割（Brilliant），其他顏色的風信子石除切割成明亮式切割外，還有祖母綠型切割。

❷ 風信子石最重要的鑑定依據就是明顯的雙折射率差，透過桌面以放大鏡觀察底部刻面稜線會有雙影現象，很容易與鑽石區別。另外風信子石硬度較低，所以光澤與真鑽比起來較差，刻面交界的稜線也較易磨損。

❸ 藍色的風信子石在市場上最受歡迎，一般風信子石內含物很少，所以盡量挑選淨度高的風信子石。風信子石的價格與鑽石差距很大，選擇風信子石可以用較低的預算買到較大顆的寶石。

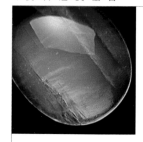

月光石 │預知未來的寶石│

MOONSTONE

靜謐而樸素的寶石，但卻讓人無法忽視它的存在，透明至白色的寶石上具有藍色的光彩，令人聯想到皎潔的月色閃耀著藍色跳動的光芒，因此被命名為月光石。月光石與珍珠都是六月份的生日石，珍珠是月亮的代表石，而月光石象徵一輪明月，這兩種寶石雖然特性不同但卻都與月亮有關，月光石所散發的溫婉之美是魅力所在。提到月光石總令人聯想到印度這個神祕的國度，許多印度風味的銀飾上都鑲有月光石，獨特的異國風味在寶石市場上獨樹一格。

moonstone profile

月光石小檔案

折射率	1.518〜1.526
雙折射率差	0.005
色散率	0.012
比重	2.55〜2.61
硬度	6〜6.5
化學式	K（AlSi₃O₈）
結晶型式	單斜晶系 Monoclinic

月光石的美麗傳說

主宰夜晚的月亮總令人覺得帶著神祕而不可抗拒的力量，月光石在印度被視為「聖石」，具有不可思議的神力，寶石內蘊藏的火焰會隨著月亮的盈缺改變大小。傳說中，月圓的時候，佩戴月光石能遇到好的情人；在滿月的夜晚，口中含著月光石能聽見神的預言。據說對月光石的預知能力深信不疑的人不在少數，最有名的就是英王愛德華六世，他曾擁有一顆用來預測未來的月光石，只可惜他英年早逝，這些相關傳說就此劃下句號。

月光石的特性

月光石是長石（Feldspar）類寶石的一種，長石與石英一樣都是地殼中很常見，也相當重要的礦物，以長石的特性而言又可分成正長石（Orthoclase）與斜長石（Plagioclase）。月光石是屬於正長石的一

種，折射率為1.518～1.526，雙折射率差為0.005，色散率0.012，比重2.55～2.61，硬度6～6.5，具有特殊的青白色光彩，在寶石學上稱為青白光彩（Adularescence）現象。

　　所謂的青白光彩是因為月光石由兩種以上的長石類礦物交錯生長，形成薄層狀的內部構造，對光線造成反射作用的結果，此一原理就像是大氣層中的塵埃與水分子讓陽光反射，使天

Sifen Chang張煦棻提供

空看起來成為藍色是一樣的。若層理構造較厚，形成的青白光彩是白色的，交錯生長的層理要很薄才會形成藍色的光彩，而這種光彩有時會使月光石看起來具有貓眼效應。

　　除了半透明至白色為底色的月光石外，還有綠色、黃色甚至接近黑色底色的月光石，而其所閃耀的青白光彩也有可能是銀白色、淺橘色、淺黃色的閃光，這是因為組成月光石層理構造的長石礦物不同所造成的。

Tips ▸▸ 選購 ┃ 月光石 ┃ 小祕訣

❶ 月光石的仿製品以玻璃製品為主，玻璃製品的青白光彩與月光石的天然青白光彩不同，很容易以肉眼就判別出來，另外玻璃的單折射與月光石的雙折射光學現象不同，也是鑑定依據。

❷ 白色質地較透明的瑪瑙外型與月光石有些類似，但瑪瑙並沒有青白光彩的現象，所以不易混淆，月光石的青白光彩現象在寶石中獨樹一格，因此是識別上相當重要的鑑定指標。

❸ 挑選月光石首重其青白光彩，藍光越閃耀而明顯者越佳，而月光石的淨度一般很高，越澄澈透明的底色越能彰顯躍動的藍色光彩，當然透明而青白光彩明顯的月光石價位也會高一些。

緬甸金色月光石粉尖晶石戒。Blitz提供

方解石
解說寶石的最佳教材

CALCITE

方解石是含鈣的碳酸鹽，是地殼中相當重要的礦物，常常被用來作為解說寶石特性的教材，但很少作為珠寶飾品，因為它具有非常高的雙折射率差與完美的解理，其他寶石雖然也有這些特性，但都不像方解石這麼明顯。較常見到的方解石是透明無色的冰州石（Iceland spar），其次是具有特殊結晶的指尖型（nail-head）或犬齒型（dog-tooth）結晶晶簇，大理石（Marble）也是方解石的一種，通常為不透明的塊狀結晶。

calcite profile

方解石小檔案

折射率	1.486～1.658
雙折射率差	0.172
色散率	0.017
比重	2.65～2.75
硬度	3
化學式	CaCO₃
結晶型式	六方晶系 Hexagonal

方解石的特性

方解石是含鈣的碳酸鹽礦物，化學成分為$CaCO_3$，經常混入鎂、鐵、錳等許多種其他金屬元素，所以方解石的色彩非常多，幾乎各種顏色都有。方解石的折射率為1.486～1.658，雙折射率

方解石的雙折射現象肉眼可見。廖家威攝影．名威珠寶設計提供

差高達0.172，這個特性使得它被用來作為寶石儀器中的分光鏡（Dichroscope），用來檢視雙折射寶石的二色性或多色性；此外在光學用途上它也被廣泛的運用作為偏光鏡使用。方解石具有完整的三組解理，方解石的結晶因此常呈方塊狀，顯現三個明顯的解理面，成為礦物解理最好的教材。

calcite story

方│解│石│的│產│地

方解石是很常見的礦物，幾乎所有的礦床中都會有方解石，這裡所指的是方解石結晶較好的產地，有美國、墨西哥、英國、法國、德國、冰島、義大利、巴基斯坦、羅馬尼亞與獨立國協。

方解石的種類

• 冰州石（Iceland Spar）：無色透明的方解石晶體，最能顯現方解石強烈的雙折射差現象，將冰州石放在畫有線條的紙上，底下的

方解石犬齒型結晶晶簇。廖家威攝影・吳照明老師提供

線條清楚的變成雙影，這種現象在其他雙折射差較大的寶石也可以觀察到，但沒有像方解石這樣明顯，同時三組完整的解理面完整的呈現，平整的面完全不經任何切磨的手續。

• **大理石（Marble）**：經變質作用的方解石，可能出現綠、灰、棕與紅色，間夾雜著石灰石等其他伴生礦物（Accessory minerals），有時它並不被視為方解石的一種，因為它的成分較為複雜，但其大部分的成分仍為方解石。大理石的用途在建材上運用很廣，許多建築物都以大理石作為壁磚或裝飾之用，較少用於珠寶用途。大理石在世界各地幾乎都有出產，但是品質高的並不多，有些質地較為細膩的白色大理石，用來仿白色軟玉，這種白色大理石透明度較高，價格比白玉便宜許多，市場上俗稱「阿富汗玉」，而中國北京故宮、頤和園等皇家園林使用一種俗稱「漢白玉」的裝飾建材，也是這種顏色純淨、質地細膩的白色大理石。

方解石手鐲

calcite story

大|理|石|也|是|方|解|石

　　常被用來作為建築物壁磚或裝飾的大理石是經變質作用的方解石，雖然成分較複雜，但其大部分的成分仍為方解石。

選購寶石
Q & A

選購寶石的注意事項

當你決定採購珠寶的時候，哪件事是最先考慮的因素？是預算？還是寶石種類？我們在購買珠寶的時候該注意些什麼事情？這些問題因人而異，基本上不管購買的動機為何，擁有正確的消費觀念是最重要的，而什麼是正確的消費觀念？可以分成以下幾點來做說明。

具有基本的珠寶知識

多充實自己的寶石知識，這並不是說要成為鑑定師才能購買珠寶，而是至少要知道自己所買寶石的特性，如買鑽石要知道4C、等級的認定是否有鑑定書等等問題。具有基本的寶石概念讓你較容易了解業者對寶石的說明，對於日後的保養也較方便。

保證書與鑑定書的觀念

一般的珠寶業者多半會開立店家的保證書給消費者，保證書是業者提供給消費者的保障（Warranty），也就是所謂的保單，但它並非鑑定書；所謂的鑑定書是由專業的鑑定所經過鑑定後所開立的鑑定結果報告書（Certificate），用來評定寶石的真偽與品質；正確的說，鑑定書並非商家所提供，因此消費者要求鑑定書是要額外付費的，並非包含在珠寶價格之內，有

些價位較高的寶石，業者會事先打好鑑定書，例如：GIA證書的鑽石、高檔翡翠、祖母綠等等，當然這些商品的價位會比其他同類型的商品高。所以如果你拿到店家給的保證書還是不安心，可以要求鑑定，坊間許多鑑定所提供此項服務，收費標準依鑑定內容有所不同，找家具有公信力的鑑定所才是最大保障。

質與量的觀念

整體說來，品質越高的數量相對越少，接近金字塔頂端的寶石是絕無僅有的，因此以數量為訴求的銷售通常無法是高級數的商品，只能以篩選的方式來達到某一特定品質，但這也不是說量化的產品就不好，在數萬噸的礦石中才能找到為數不多的寶石，所以其實每一顆都很珍貴，只是品質高低會影響珠寶商品的價位，所訴求的客層也不一樣，對消費者而言購買珠寶商品能符合自己的需求，同時了解自己的預算買到的是什麼樣品質的寶石才是最重要的。

仔細詢問

對於業者的解說有任何不清楚的地方要仔細詢問，寶石種類繁多，各有不同的特

性與分級，遇到任何不懂的術語或是特性最好當場問清楚，許多珠寶的消費糾紛，其實是買賣雙方認知不同所引起的誤會，導致有些人誤以為購買珠寶陷阱很多，其實以國內店家而言，多半都很注重商譽，因為珠寶事業信用非常重要，很少人會因為一樁生意而破壞了長期打下來的信用基礎，因此消費者只要有任何不懂的術語名稱最好馬上問清楚，讓業者解說，以避免不必要的誤解。國際上的珠寶商業組織都規定業者對其所銷售的寶石有告知的義務，包括處理過的寶石都必須誠實告知，所以可以放心大膽的發問。

採購珠寶常見的問題

對於購買珠寶消費者可能有許多疑問，有些是觀念上的，有些是在實際購買時碰到的問題，以下整理出一些可能會碰到的來解答，不過珠寶的範圍太廣，僅能就較常聽到的來釐清消費者心中的疑慮。

Q 前一陣子，陪朋友到珠寶店購買珠寶，聽業者解釋經優化處理過的寶石便宜很多，但非100％天然，寶石最好是買天然的，但我看他說的寶石與天然沒什麼不同，到底什麼是優化處理？

A 優化處理（Enhancement）簡單的說就是讓寶石變得更美、提昇寶石的淨度等級或顏色等級的人為加工方式，以國際寶石業者的認定為——處理過程中有添加任何外來物質，例如化學物質、人工致色等都屬於必須告知的優化處理，像寶石的裂隙充填、染色、二度燒紅藍寶石等，都屬於外來因素的優化處理。這些優化處理是業者公認不能接受的處理方式，因為它會帶來外觀美化與等級的提昇，不過這並非意味此種寶石不能銷售，只是在銷售時必須讓消費者了解，她們所買到的商品原本其實並沒有那麼美麗，與全天然的寶石是有很大不同的。

Q 幾天前我花了五萬塊購買一只翡翠戒指，鑑定後發現是B貨，但之前只花了三千元買的鐲子，鑑定所告訴我那是A貨。A貨不是應該比較貴嗎？為什麼我花比較多錢買來的卻是處理過的寶石，而便宜的卻是A貨呢？

A 這可能是很多人心中的疑問，花了比較多錢買的是B貨，而便宜的東西卻是A貨，那是因為翡翠的顏色與質地是決定價錢的最主要因素，這個當事人拿的是一只嬌綠

通透的蛋面，手上戴的鐲子不帶綠色且質地較差，我告訴她這種顏色與質地的翡翠蛋面，如果是A貨價值至少數十萬以上，因為翡翠以帶有綠色的價錢最高，即使是B貨它的顏色還是翡翠原本的顏色，所以經過灌膠的B貨價格依舊比不是綠色的低品質A貨要高。當然基本上A貨確實比B貨來得貴許多，但這必須是質色相當的翡翠才能相互比較。

Q 因為我對翡翠的行情不清楚，之前曾買過一個蛋面翡翠的墜子，當時店家說是挖底的，不過保證翡翠是A貨，我當時不知道什麼是挖底，後來聽朋友解說之後才了解，但是我想買的是整塊的翡翠蛋面，我可以要求退貨嗎？要怎樣才能退貨呢？

A 這就是沒有當場問清楚的最佳例子。一般翡翠價格一定與是否挖底有關，這點店家一定會告知。你的狀況可以跟店家言明自己想要的是什麼樣的珠寶，這有兩種解決方式，一種是拿當初店家所開的保證書回去與業者說清楚，並詢問你所想買的商品應該是多少錢，補上差價請他們換一件你想要的珠寶，另一種是若你純粹要退貨

的話，也要問清楚店家退貨的標準為何，買賣雙方說清楚就不會有類似狀況再發生了。

Q 我對寶石行情不了解，該如何設定我的購買預算呢？

A 每種寶石的價位都不相同，依等級劃分高低的價差又很大，預算的拿捏主要視個人的經濟狀況而定，該設定多少預算並沒有一定標準。例如：準新人經常為婚戒應該設定多少預算而傷腦筋，鑽石該買多大、什麼等級都沒有概念，過去鑽石行銷單位便建議新人以大約三個月的收入為預算的標準，是否要以此為預算仍視個人情況而訂。每個人購買珠寶的動機與目的不一樣。

送禮、紀念也是常見的購買動機，也有人為了保值而買寶石，禮品或紀念需求的購買大多心中已經有預算，重點在於預算能夠買到什麼樣的商品，若是以投資保值為目的，採購前有必要先審慎考慮一番，首先以投資保值為目地的寶石最好經過專業的評估鑑定，再者應該考慮到寶石市場的長遠發展與持續性，我建議有此需求的買家最好具備一些基本的寶石知識，坊間

225

短期的寶石品味鑑賞課程正好可以滿足消費者必備的知識需求，不要只聽信業者的片面之詞就盲目採購，以免買到不符合期待的寶石。

Q 如何選購鑽錶？

A 鑽錶也是許多珠寶愛好者喜歡的商品，鑽錶的選購最基本的還是要看錶的機心，最好選擇高品質的機心製造廠商，確保錶的耐用性；鑲有鑽石的手錶最重要的就是看鑽石的鑲嵌精密程度，鑽石排列整齊與否，好的鑽錶能將鑽石鑲得非常平整，連桌面都能維持在同一平面上，戴在手腕上鑽石閃耀的光芒更為耀眼，名牌錶款如勞力士、伯爵等鑽石鑲嵌的細膩度是最佳的例子，當然名牌錶款價格並不低，鑲工的精密也是它之所以名貴的主要原因之一。

Q 什麼是科技寶石？

A 所謂科技寶石就是運用現代科技製成的寶石，意思就是說它並不是天然的產物，而是人造的材質，稱之為科技寶石比起人造寶石要好聽，因此飾品業逐漸以科技寶石來稱呼這種商品。

Q 什麼是鑑定書？我在珠寶店買的珠寶他們所開的不是鑑定書嗎？

A 所謂鑑定書是由專業的寶石鑑定所，經過鑑定師評定後開立的鑑定結果報告書，鑑定書並不是由業者自行開立的，而鑑定師是介於買賣雙方中間的專業者角色，為消費者做把關的工作，對於寶石的真偽判別與品質認定做專業的諮詢，本身不涉及買賣也不做價位的評定。至於店家所開的是保證書，作為消費者在這家店所購買的商品證明，與鑑定所開立的鑑定書不同。

Q 鑑定書的內容多半是英文，我看不懂該怎麼辦？有什麼應該注意的地方呢？

A 現在國內的鑑定所開立的證書上多半有中文標示，如果是國外鑑定機構所核發的鑑定書就全部是英文了，不管是中文或英文的鑑定書你都可以請業者為你做詳細的說明，如果有疑問可以打電話向該鑑定所查詢，或者找信任的鑑定師幫你解說。鑑定書依核發的機構不同，格式也不太一樣，不過內容大致上都差不多，消費者該注意的地方是檢查寶石的克拉數是否符

合，顏色敘述正不正確，鑑定結果是否為天然寶石，還有在附註的地方是否有加註任何文字，如果有附註要看清楚附註的內容為何，如果附註的標示為英文，一定要問清楚文字所陳述的內容，因為鑑定的寶石如果有經任何的處理都必須在附註的地方標明，所以不能只看鑑定結果是天然的就忽略了附註的標示喔。

Q 購買鑽石時，一定要買附有GIA證書的嗎？

A 這個問題見仁見智，GIA是具有國際公信力的鑑定機構，但鑽石的價位也因此高了許多，其實沒有GIA證書的鑽石還是占銷售市場的多數，購買鑽石的時候應該注重的是品質，也就是4C的要求，有否GIA證書倒不是那麼重要，只要鑽石的顏色與車工佳，有沒有GIA證書都一樣散發美麗的光芒。但如果你要購買的是級數相當高的鑽石，又希望有國際認可的品質保障，那就是多花一點預算買一顆高品質的GIA鑽石囉。

Q GIA證書的鑽石比非GIA的價格貴許多，到底GIA提供什麼保障呢？

A GIA本身是一個學術與鑑定機構，其所開立的鑑定書具有國際公信力，GIA證書的鑽石價格較高是因為GIA的收費比一般鑑定所高，且這期間的費用還包括寄送費用與保險費等，成本自然更高。GIA開立的鑑定書單純是針對鑑定結果的報告書，寶石業者是以GIA的公信力提供消費者對於所選購的鑽石一種品質上的證明。

Q 當我想購買珠寶時，是不是買成套的比較好呢？

A 如果預算夠的話買珠寶最好是成套的

購買，因為要找到質色相同的寶石非常困難，許多人在買珠寶的時候都是分開購買，需要搭配時不是寶石顏色不同，就是大小不一樣，珠寶的款式與造型往往也無法協調，因此很難有整體性的搭配，而且成套珠寶的華麗襯托效果也是單件珠寶所不及的。雖然成套珠寶購買時得一次花較多的預算，大多數人都希望將想買的珠寶一件件慢慢補齊，結果就像前面所說，會發生很難搭配的情況，甚至在買過多件珠寶後發覺這些單件商品所花的費用並不比套件珠寶少。所以如果預算許可的話，選購成套的珠寶其實是比較划算的。

Q 買套組的珠寶該注意什麼呢？

A 成套的珠寶除了寶石本身的品質以外，最要注重的是寶石的一致性與鑲工的好壞，成套珠寶的貴重就在於寶石的品質、顏色、淨度、切割等各方面的嚴格篩選，這是相當困難的，即使是同一個礦區所產的寶石，其顏色也都很難相同，更何況要成為套組還必須大小、淨度與切割都要一致，所以這方面要格外注意。另外鑲工細緻才能讓套組顯現更佳的質感，仔細觀察寶石鑲嵌的各個小地方，尤其是小鑽搭配

的部分是否修飾完美，對於套組的整體質感有很大影響。

Q 我以前買的珠寶款式已經過時了，放著不戴又覺得浪費，我想重新鑲嵌划不划算？

A 這要看你原先買的珠寶是什麼樣的款式，如果是很多小鑽的珠寶並不建議重鑲，因為小鑽的鑲嵌費工且工資不低，拆下來重做所花的價格並不比買新的划算，但如果是較大的寶石改款重鑲，就可以賦予舊的珠寶嶄新樣貌，但最好事先評估原本寶石的價值並找商家估算重鑲的費用，衡量是否值得花這筆預算。

Q 珠寶買的時候很貴，但想賣掉的時候價格卻變得很低。珠寶真具有保值性嗎？

A 消費者在購買珠寶時最好有正確觀念，珠寶最重要的是佩戴它能達到美的功能，賞心悅目的珠寶令人心情愉悅，這才是珠寶之於人最大的價值所在，保值只是附帶的。保值是指一個寶石在多年後仍然具有一定的價位水準，然而這個價位取決於寶

石本身的條件，正如前面所提的寶石價格決定因素與行情一樣，寶石本身的條件夠好，價格就當然有一定的標準，但行情是會隨著一些外在因素影響的，基於這些因素，如果真要以保值的觀念來買珠寶的話，最好買的是像國際拍賣會上珠寶拍品的等級。只有品質達到一定程度以上的高檔珠寶才真的具有保值的功能。

Q 到產地買寶石比較便宜嗎？

A 許多消費者都有這種迷思，以為到產地購買一定比較便宜，不否認有些商品真的是在出產地買會便宜很多，但寶石是數量稀少的天然礦物，與一般商品不同；許多貴重寶石又都出產在貧窮落後的國家，不是政府就是有集團掌控礦權，寶石多半是帶到大盤商集中地去找買主，留在礦區的很少有高品質精品。產地的珠寶店多半做的是觀光客生意，以個人經驗，比國內店中銷售的價格還高呢！大部分的寶石在國際上價格都有一定的價位，並不會因在產地買就比較便宜，還得冒著買錯東西的風險，這種工作還是交給有經驗的業者比較妥當，而且在國內珠寶店購買還有店家所提供的保障，因此並不建議消費者在產地或國外購買寶石。

參考文獻

1. *Gemstones of the World*, Walter Schumann, 1977, Sterling Publishing Co. Inc., New York.

2. *Minerals of the World*, Walter Schumann, 1992, Sterling Publishing Co. Inc., New York.

3. *Simon & Schuster's Guide to Rocks and Minerals*, Annibale Mottana, Rodolfo Crespi and Giuseppe Liborio, Simon & Schuster Inc., New York.

4. *Simon & Schuster's Guide to Gems and Precious Stones*, Curzio Cipriani and Alessandro Borelli, Simon & Schuster Inc., New York.

5. *Jewelry: From Antiquity to the Present*, Clare Phillips, 1996, Thames & Hudson Ltd., London.

6. *Eyewitness Handbook of Rocks and Minerals*, Chris Pellant, 1992, Dorling Kindersley Ltd., London.

7. 《翡翠鑑賞》，歐陽秋眉著，1995年版，淑馨出版社。

8. 《寶石的神祕力量》，林陽著，1996年，武陵出版社。

9. 《邂逅100％的寶石》，岩田裕（Hiroko Iwata）著，楊慧芳譯，2001年，檢書堂出版。

感謝有你

　　本書的完成首先感謝珠寶業先進與好朋友們提供專業上的協助與建議，承蒙各位同業的大力支持才能有本書的問世，距離第一版至今將屆二十年，這些年來珠寶業有很大的變化，寶石的資訊也不斷推陳出新，《寶石鑑賞全書》的內容也在這段期間不斷修正，提供讀者正確、快速的寶石知識與資訊，本書創下台灣珠寶書籍難得的紀錄，這都要感謝所有讀者們的支持與鼓勵，讓我這一路走來倍感溫馨，《寶石鑑賞全書》所獲得的好評，更令我感到責任重大，很榮幸本書再度改版，新版的《寶石鑑賞全書》更需要您的支持與推薦，倖誼在此表達最衷心的感謝。

Thank you

| 誌謝 |

感謝以下所有提供珠寶圖片與專業的廠商協助完成本書的出版。
Thanks the following sponsors for offering jewelry pictures and expertise to accomplish this book.

米蘭珠寶｜式雅珠寶｜綺麗珊瑚｜和記珠寶｜嘉記珠寶｜金匠珠寶｜喜寶珠寶｜昭輝公司
名威珠寶｜吳照明老師｜簡宏道先生｜苑執中先生｜杜雨潔小姐｜伊勢丹珠寶｜東方之星珠寶
蘭陽通寶珠寶｜Mariora Co.｜La Stella珠寶｜Perles de Tahiti
Sifen Chang張煦棻小姐｜門泰珠寶鑑定中心游智強先生｜方捷有限公司
UD diamond喬喜鑽飾｜克拉多珠寶｜良和時尚珠寶｜亞帝芬奇珠寶
黎龍興珠寶專賣店｜Blitz｜靚晴金珠寶

暢銷二十年・最新修訂版

寶石鑑賞全書 （原書名《寶石珍賞誌》）

Jewelry Connoisseurship

專業鑑定師教你認識寶石種類、特性、鑑賞方法與選購指南

著　　者　朱倖誼
攝　　影　鄒六、廖家威
特 約 編 輯　陳孟雪
責 任 編 輯　林毓茹、洪淑暖

發 　行 　人　涂玉雲
總 　編 　輯　王秀婷
行 銷 業 務　黃明雪、陳志峰

出　　版　積木文化
　　　　　104台北市民生東路二段141號5樓
　　　　　電話：(02) 2500-7696｜傳真：(02) 2500-1953
　　　　　官方部落格：http://cubepress.com.tw
　　　　　讀者服務信箱：service_cube@hmg.com.tw、service@cubepress.com.tw

發　　行　英屬蓋曼群島商家庭傳媒股份有限公司城邦分公司
　　　　　台北市民生東路二段141號2樓
　　　　　讀者服務專線：(02)25007718-9　　24小時傳真專線：(02)25001990-1
　　　　　服務時間：週一至週五上午09:30-12:00、下午13:30-17:00
　　　　　郵撥：19863813　　戶名：書虫股份有限公司
　　　　　網站：城邦讀書花園 www.cite.com.tw

香港發行所　城邦（香港）出版集團有限公司
　　　　　香港灣仔駱克道193號東超商業中心1樓
　　　　　電話：852-25086231｜傳真：852-25789337
　　　　　電子信箱：hkcite@biznetvigator.com

馬新發行所　城邦（馬新）出版集團
　　　　　Cité (M) Sdn. Bhd
　　　　　41, Jalan Radin Anum, Bandar Baru Sri Petaling,
　　　　　57000 Kuala Lumpur, Malaysia.
　　　　　電話：(603) 90578822　　傳真：(603) 90576622

國家圖書館出版品預行編目(CIP)資料

寶石鑑賞全書：專業鑑定師教你認
識寶石種類、特性、鑑賞方法與選
購指南/朱倖誼著. -- 三版. -- 臺北市
：積木文化出版：英屬蓋曼群島商家
庭傳媒股份有限公司城邦分公司發
行, 2021.12
240面；17×28公分. -- （游藝館）
ISBN 978-986-459-357-6（平裝）

357.8　　　　　　　　110016122

城邦讀書花園
www.cite.com.tw

Printed in Taiwan

美 術 設 計　曲文瑩
製 版 印 刷　上晴彩色印刷製版有限公司

【印刷版】
2003年7月15日初版一刷
2014年1月15日二版二刷
2021年12月2日三版一刷

【電子版】
2021年12月
ISBN：978-986-459-356-9

售價／650元
ISBN：978-986-459-357-6